国家科学技术学术著作出版基金资助出版

闸控河流水环境模拟与调控理论研究

窦 明 张 彦 米庆彬 赵培培 郑保强 著

科学出版社

北 京

内 容 简 介

本书针对目前闸坝建设引起河流生态与环境变化的问题，基于闸控河流水质多相转化基本原理解析建立水质多相转化数学模型，对不同情景下的水质多相转化规律进行分析，识别影响水质浓度变化的主要因子并构建水质浓度变化率与主要因子的量化关系，分析水闸调度对水质改善可调性及闸坝建设对径流变化的影响，在构建闸坝群作用下的水环境数学模型的基础上模拟不同情景闸坝群联合调控下水质水量的变化过程，为科学制订水闸运行调度方案提供重要依据。

本书可供水文学及水资源、环境科学、管理科学的科研人员和高校师生，以及从事水利工程、环境工程和市政工程的技术人员参考阅读。

图书在版编目（CIP）数据

闸控河流水环境模拟与调控理论研究/窦明等著.—北京:科学出版社，
2020.11

ISBN 978-7-03-066464-8

Ⅰ.① 闸… Ⅱ.① 窦… Ⅲ.① 拦河闸-影响-河流-水环境-环境模拟-研究
②拦河闸-影响-河流-水环境-调控-研究 Ⅳ.① X824

中国版本图书馆 CIP 数据核字（2020）第 204873 号

责任编辑：刘　畅/责任校对：高　嵘
责任印制：彭　超/封面设计：苏　波

科学出版社 出版

北京东黄城根北街 16 号
邮政编码：100717
http://www.sciencep.com

武汉市首壹印务有限公司印刷
科学出版社发行　各地新华书店经销
*

开本：787×1092　1/16
2020 年 11 月第 一 版　印张：12
2020 年 11 月第一次印刷　字数：282 000
定价：98.00 元
（如有印装质量问题，我社负责调换）

前　言

随着人类社会的快速发展，为了满足人类社会对水资源日益增长的需要，人类加大了对河流的开发力度，在河道内修建了大量的闸坝工程。闸坝作为人类开发管理水资源的重要工具，在防洪排涝、拒咸蓄淡、灌溉供水、通航养殖、景观娱乐等方面起着积极作用，而闸坝建设却截断了天然河流的连续性，导致水流流速趋缓，河道径流减少，水体自净能力降低，水污染加剧。闸坝建设的负面效应给河流水资源开发管理带来了新的挑战，并给下游地区造成了很大的水污染防治压力。因此，如何正确处理流域开发与水环境保护之间的关系，客观评价闸坝建设对流域水文水环境的影响，消除闸坝建设对河流水环境的不利影响，是我国流域开发中面临的亟待解决的科学问题之一。

基于以上背景，在国家自然科学基金委员会-河南省人民政府人才培养联合基金资助项目"闸控河段水质多相转化机理研究"（U1304509）、国家自然科学基金面上项目"光盐扰动下闸控河流水华暴发的驱动机制研究"（51679218）和"水文变异对汉江中下游水华暴发的驱动机制与风险评估"（51879239），以及2019年度国家科学技术学术著作出版基金（2019-E-052）的支持下，作者对闸控河流水环境模拟与调控理论进行深入研究，本书综合作者近年来的主要研究成果，具体内容包括以下几点。

（1）基于闸控河流水质多相转化基本原理的解析，介绍闸控河流水流特征和水质多相转化过程，阐述水质在水体相态间转化的主要作用及水闸关闭和水闸开启下水质转化驱动的机制；在研究对象选取及闸控河段概化的基础上构建考虑水闸调度作用的水动力学模型和水质多相转化数学模型，并对模型参数进行率定和验证，以及对模型参数的敏感性进行分析。

（2）在构建闸控河流水质多相转化数学模型的基础上，对闸控河流水质未考虑、考虑多相转化机制及藻类生长进行模拟分析；设置不同水闸开启方式和闸门开度，模拟分析闸门调度方式对水质多相转化的影响。另外，在对水质多相转化模拟的基础上，计算水闸调度在水质多相转化过程中的贡献率大小。最后，设置无闸情景及一系列的闸门开启高度，通过对模拟结果的对比分析，指出不同开启高度下的主导反应机制。

（3）对闸控河段主要水质浓度影响因子进行识别，并采用情景模拟及对比分析的方法评估其对水质浓度的影响，进而提出水闸调度-水质浓度量化关系和来水污染负荷-水质浓度量化关系。在定义水闸调度对水质改善可调性的基础上，提出可调性的判别方法和判别标准，并对槐店闸、周口闸、阜阳闸和颍上闸的可调性进行判别。

（4）在对径流数据选择的基础上，对不同时间尺度上的径流序列的趋势和突变进行分析，进而对径流序列进一步开展趋势、突变检验；对导致径流系列变异的主要因素进行分析，主要从降水变化、下垫面变化、闸坝建设等方面分析其对淮河中上游流域径流序列变异是否存在显著影响。构建闸坝群调度下的水动力学模型，并对水动力模型参数进行率定和验证；构建闸坝群水环境数学模型，并对水环境数学模型参数进行率定和验证，对水环境数学模型的模拟结果进行分析。另外，根据设置的不同情景，对不同来水条件下水量水质的变化过程进行模拟分析，以及对不同闸门开度下水量水质变化过程进行分析。

本书共 9 章，各章主要按照闸控河流水环境模拟与调控理论体系系统展开介绍。第 1、2 章由张彦撰写，第 3、4 章由窦明、米庆彬撰写，第 5、6 章由窦明、郑保强撰写，第 7~9 章由赵培培、张彦撰写。全书由张彦、窦明统稿。

虽然本书已较全面地阐述了闸控河流水环境演变机理，但仍存在许多不足之处：如闸坝群水质多相转化还有待进一步调试验证，需要加强不同调度模式转换带来的剧烈扰动对水质转化和生态环境系统的影响研究，构建的闸控水质浓度变化率与水闸调度、来水污染负荷之间的量化关系需开展物理性实验进一步验证，对研制的水闸调度影响模型进行验证和多情景下的模拟计算，在此基础上有效判别水闸的可调性。

在项目研究和本书撰写过程中，笔者向支持和关心的单位和个人表示衷心的感谢。书中有部分内容参考了有关单位或个人的研究成果，均已在参考文献中列出，在此一并致谢。

由于时间仓促，对该领域研究认识水平有限，书中可能存在一些不足与疏漏之处，敬请广大读者批评指正。

作　者

2020 年 7 月

目　录

第 **1** 章

绪　　论

　　本章将对闸控河流水环境模拟与调控理论研究的背景进行概述，分别从闸坝建设的环境影响评价、水质转化机理、河流水质数学模型和水文序列变异分析四个方面总结国内外研究现进展，分析目前存在的问题，并提出研究思路。

1.1 概　述

　　水资源是弥足珍贵的自然资源之一，不仅孕育了人类文明，更推动了人类历史发展的进程。水资源的自然属性对人类、生物、环境系统起到了重要的作用，作为维持生物生存的基础性资源和促进社会发展及进步的战略性资源，水资源的开发利用涉及经济、环境、社会等各个领域。河流具有社会功能、自然功能及生态功能（赵银军 等，2013），为人类生活、灌溉、饮用、发电等提供用水，是人类开发利用水资源及实施水资源管理的主要渠道，被人类不断开发、利用、调整和治理，受人类活动的影响显著。随着全球经济的飞速发展，为满足人类社会对水资源日益增长的需要，人们加大了对河流的开发力度，在河道内修建了大量的闸坝。

　　据统计，世界上 60% 以上的河流均已被水利工程截断（张永勇 等，2011），预计到 2025 年这一数据将达到 70%（Revenga et al.，1998；Postel et al.，1996）。据国际大坝委员会（International Commission on Large Dams，ICOLD）统计，截至 2003 年全世界高于 15 m 或库容大于 100×10^4 m³ 的大坝有 49 687 座，水闸至少有 80 万座，其中发展中国家拥有的数量约占总数的 2/3（贾金生 等，2004；Tharme，2003）。根据《中国水利年鉴（2002）》，我国 15 m 以上大坝占世界总数的一半，水闸多达 5 万余座，位居世界第一。根据《2016 年全国水利发展统计公报》，我国已经建成流量 5 m³/s 及以上的水闸约有 105 283 座，其中大型的水闸约有 892 座；已经建成的发挥不同功能的水库约有 98 460 座，其中大型的水库主要有 720 座；2016 年水利建设完成投资 6 099.6 亿元，比 2015 年增加 647.4 亿元。Revenga 等（2000）研究表明，在全世界 106 个流域中，46% 的流域至少拥有一座大坝，大坝控制了美国和欧盟 60%～65% 的河流；在亚洲，近一半的河流受到闸坝影响，而且每条河流不止一座大坝或水闸。

　　闸坝在对人类开发管理水资源起着积极作用的同时，也对天然河流的水动力条件和水生态环境产生了负面效应。以淮河流域为例，由于防洪抗旱和经济发展的需要，全流域已建成大中型水库 5 600 多座和水闸 5 400 多座，随着闸坝工程建设和入河污染负荷的逐年上升，河流的水文情势和水环境状况均发生较大变化，造成了水污染事故频繁发生、生态环境持续恶化及生物多样性减少等问题，闸坝建设的负面效应凸显（章珂，2010）。闸坝对河流生态环境系统的影响主要表现为水文、水质和泥沙的改变，河流形态、藻类等初级生产者的变化，大型无脊椎动物群落及其他生物的变化（Petts，1984）。水利工程对河流水文及水质的影响是最直接的，也是其他生态环境效应的基础。水库、闸坝等水利工程是影响河流系统的源动力，其调蓄功能可能改变河流的水文情势，进而驱动物质运移、生境及生物群落发生演变，最终导致河流生态环境系统可能出现一系列的负面效应（陈炼钢 等，2013）。

　　闸坝建设的负面效应给河流水资源开发管理带来了新的挑战，并给下游地区造成了很大的水污染防治压力，日益受到政府、领导和专家学者的高度重视（左其亭 等，2010）。2008 年 3 月 28 日发布的《国务院办公厅关于加强淮河流域水污染防治工作的通知》中指出："抓紧对淮河流域现有闸坝运行管理情况进行评估，正确处理闸坝调度、水资源利用和生态保护的关系。"国务院前副总理曾培炎在2004年10月召开的淮河流域水污染防治现场会上指出："要重新评估淮河流域正在建设和已建闸坝，对于失去功能的闸坝，可以考虑调整运行方式、改建或拆除。"中国科学院夏军院士（2007）从人类修建闸坝等活动对河流造成的影响及由此引发的河流健康问题出发，提出了通过水工程管理和污染控制来改善水环境的综合修复途径。近年来，水利部淮河水利委员会对闸坝防污防洪联合调度做了一些成功的尝试，通过实行水污染联防、制订闸坝应急调度方案有效地减轻了水污染事故带来的危害。

闸控河流是一类特殊水域，指在河道上建有闸坝等水利工程的河流，其水文情势和水质迁移转化过程受闸坝调控作用影响较为显著。不同于一般河流，由于闸门的阻隔，闸控河流的水动力因子变化频繁、剧烈，水体中污染物的生物地球化学行为异常复杂。当闸门关闭或开度变小时，水流拥堵造成闸前流速减小，水体中溶解相或悬浮相污染物大量被吸附或沉降到底泥中，同时引起水体曝气作用、自净能力减弱且生物累积作用增强。当闸门开度变大时，水流对底泥表层的冲刷作用加强，造成底泥相污染物再悬浮或解吸到水体中，闸下悬浮相和溶解相污染物含量增加，同时引起水体自净能力提高、生物累积作用减弱。在这一系列交互作用的影响下，污染物不断地发生界面转移和相态转化，因此很难准确评估水闸调度对水体污染负荷的影响作用。

我国水利工程对河流生态与环境的影响研究，主要集中在水利水电工程建设立项论证和水利水电工程建设的后评价两个方面。在水利工程立项论证方面，我国对水利水电工程环境影响评价有明确的标准和规范，而水利工程后评价方面还处于起步阶段，缺乏比较完备的影响评价体系和方法，且研究主要集中在单一工程对河流生态环境的胁迫方面，对于高强度人类活动地区，从流域尺度上探索闸坝群对流域内水文水环境的影响还有待加强。目前很多的研究工作主要是从水污染预防角度去探讨闸坝群联合调度措施，在水闸调度影响水质多相转化过程的物理机制及其引发的水环境效应方面的研究却较少，这是开展闸坝群防污联合调度的前提和基础，同时如何正确处理流域开发与水环境保护，客观评价闸坝建设对流域水文水环境的影响，消除闸坝建设对河流水环境的不利影响，是我国流域开发中亟待解决的科学问题之一。因此，加强闸控河段水环境系统演化机理研究和水闸调度在水质改善方面的功效评估，是科学制订水闸运行调度方案的重要依据。

随着人类生活水平的提高和经济社会快速的发展，在水资源日益短缺和水污染日益严重的形势下，有效控制和治理河流水体污染则更为重要。天然河道中修建闸坝等水利工程，必然引起河流水文要素的变化，进而导致河流中污染物生物化学转化过程发生变化，并进一步影响水体污染物浓度。随着水闸等水利工程的数量不断增多及规模的不断扩大，季节性降水对河流径流变化的影响越来越弱，河道天然条件下的正常的流量、水温和输沙率逐渐消失，水闸对河段水流的控制作用越来越明显，污染物在水体中的迁移转化过程越来越复杂，特别是在闸控河流（即闸坝附近的上下游河段）。在研究闸控河流污染物在水体、悬浮物、底泥、水生生物等不同介质间转化机理的基础上，定量评估水闸调度对水质相态转化的驱动作用是很有必要的。本书利于更深入地了解闸坝作用下水质在不同相态间的转化规律及闸坝不同调度方式下的主导反应机制，更好地发挥闸坝工程在水资源开发和保护中所起的作用，对于科学应对淮河中上游水资源开发利用与河流水环境保护之间的冲突具有重要理论指导意义。

1.2　国内外研究进展及存在的问题

1.2.1　国外研究进展

1.闸坝建设的环境影响评价

20 世纪 80 年代以来，联合国教科文组织国际水文计划（United Nations Educational, Scientific and Cultural Organization，International Hydrological Programme，UNESCO-IHP）开始重视水利工程环境影响评价及水文生态效应的研究，同时闸坝建设影响评价也成为全球水系统计划（Global Water System Project，GWSP）、国际大坝委员会、世界水坝委员会（World Commission on Dams，WCD）等关注的热点之一。2000 年，世界水坝委员会对不同国家的 125 座水坝调研后，发布了《水坝与发展：决策的新框架》报告，第一次从环境和社会的角度系统总结了水坝有可能产生的各种负面影响。随后希腊、土耳其、韩国、西班牙等国的学者也相继开展了相关研究工作。

在闸坝修建后的水环境影响分析和评价方面，Albanakis 等（2001）对希腊奈斯托斯河上 Thesaurus 水库的缺氧环境和硫化物等环境指标进行了评价，结果表明依靠闸门的调控可适当减少库区硫化物的沉淀和聚集；Ahmet 等（2006）根据土耳其凯尔基特河上 Fatli 监测站的水质实测资料，评估了其上游修建 Kilickaya 大坝后对下游河道水质浓度和污染负荷的影响；Yu 等（2010）运用二维纵向横向平均水动力学和水质模型（two-dimensional, hydrodynamic and water-quality model，CE-QUAL-W2）模拟了韩国 Daecheong 大坝拦蓄水体中分层现象导致的有机物质迁移扩散的时空变化特征，并指出大坝适当放水可使下游水体中可溶性有机物浓度得到有效降低；Domingues 等（2012）预测了西班牙小瓜迪亚纳河河口修建大坝后对当地水质水量的影响，并指出大坝可对水环境造成强烈的扰动，降低水体的营养物质浓度，使蓝藻数量减少。在闸坝修建对河流水文条件和水生生境影响方面，Lopes 等（2003）、Bartholow 等（2004）和 Marcé 等（2010）采用水量-水质耦合模型研究了水库开发和闸坝调控对下游水文情势、水温及水生生境的影响。此外，Bednarek（2001）、Tomsica 等（2007）研究了拆坝对泥沙、生物多样性和水产业的影响，指出拆坝是一种河流修复的重要途径。总体来看，这方面研究主要集中在对闸坝修建前后的长序列监测资料进行对比分析或采用数值模拟方法预测闸坝对水质（如水温、污染物、泥沙淤积等）、水生态（如栖息地、生物多样性）的影响研究方面，所考虑的水质指标或水生态指标相对单一，较少涉及比较复杂的水质转化机制。

2.水质转化机理研究

目前国外在水质转化机理研究方面主要集中在水质赋存形态、不同介质的结构与特征、吸附-解吸动力学过程与环境影响因子的关系等方面。20 世纪 60 年代提出的托马斯 BOD-DO[①]模型、多宾斯-坎普 BOD-DO 模型在一定程度上考虑了底泥释放、藻类生长对水体中溶解相 BOD 浓度的影响。80 年代研发的水质分析模拟程序（water quality analysis simulation program，WASP）模型、QUAL-II 模型等进一步考虑了氮、磷等营养物质循环过程及浮游植物、底栖动物等生态系统的作用，模拟了污染物在溶解相、生物相之间的转化过程，其物理机制和求解方法更为复杂。自 90 年代以来，一些研究进一步考虑了气相、悬浮相、底泥相污染物与溶解相污染物的交互作用，模型也从一维、二维发展到考虑大气、土壤、沉积物（Chung et al.，2009；Meng et al.，2007；Chao et al.，2007）的三维多界面模拟研究。最具代表性的成果是 Mackay 等（1983）提出的描述多介质传质行为的逸度模型，该模型最先应用于有毒有机化学品在"水体-空气-底泥"界面内的行为归趋研究，此后 Mackay 又研发了 4 类不同水平系统的多介质逸度模型（quantitative water air sediment interaction，QWASI），并得到了广泛应用。例如 Christopher 等（2002）分析了印度 Rihand 水库中农药施用造成的有机污染物在"水体-悬浮物-底泥-空气"中的分布规律，Contreras 等（2008）预测了杀虫剂在"空气-水体-植物-底泥"界面内的含量，Izacar 等（2010）描述了荷兰境内 300 多种化学物质在"空气-水体-沉积物-土壤-植物"中的分配过程。

一些学者还研发了具有更确定物理机制的水质浓度变化偏微分方程及相应的数学模型，例如，Ciffroy 等（2000）提出了 TELEMAC 2D-SUBIEF-MICROPOL 概念性模型，该模型考虑了溶解相、颗粒相重金属与水体中悬浮介质和河床沉积物之间的各种反应过程，并对法国塞纳河下游诺让（Nogent）核电站排放废水中重金属的迁移转化过程进行了模拟；Nagano 等（2003）在对日本久慈川进行水质监测分析后发现，水体中悬浮相水质浓度与流量呈二阶或三阶递增关系，同时由于吸附作用使溶解相水质浓度也随之变化；Velleux 等（2008）研制了 TREX（two-dimensional，runoff，erosion and export）模型，模拟了 Cu、Cd、Zn 等污染物在加利福尼亚古勒克（Gulch）流域内径流和沉积物中的迁移转化过程。此外，Polak（2004）对波兰的弗沃茨瓦韦克（Wloclawek）水库库坝水体中的硝化活性的研究表明，闸坝区水体中的硝化活性较高，闸坝的设置对硝化活性影响显著；Barlow 等（2004）发现流速和水深对床沙吸附磷的总量和速率没有显著影响；美国卡斯卡斯基亚河的谢尔比维尔（Shelbyville）水库库坝底泥中氨氧化细菌和硝化活性的研究表明，闸坝的设置对硝化活性影响不容忽视（Wall et al.，2005）。从应用角度来看，目前国外已开展了广泛深入的研究，并开发了通用性计算程序，但在解释一些特殊水域的水环境演化规律时显得针对性和适用性不强，特别是在闸控河流水质多相转化机制方面的研究成果很少。

[①] BOD 为生化需氧量（biochemical cxygen demand）的简写，DO 为溶解氧（dissolved oxygen）的简写。

3.河流水质数学模型研究

目前国外对水质数学模型的研究已相对成熟和完善，主要的水质模型有 The Environmental Fluid Dynamics Code（EFDC）、WASP、MIKE、QUAL2K、EPD-RIV1、CE-QUAL-ICM 等。

EFDC 是弗吉尼亚海洋科学研究所开发的地表水水动力-水质模型，支持一维、二维、三维模拟，包括水动力模块、泥沙输移模块、有毒污染物模块及常规水质因子模块。EFDC 是美国环境保护局（United States Environmental Protection Agency，USEPA）最为推荐使用的水质模型之一，已在 100 多个水体包括河流、湖泊、水库、湿地、河口及海湾的水动力-水质过程模拟中得到了成功应用（Tetra Tech，Inc，2007）。

WASP 是 USEPA 环境研究实验室开发的地表水水质模型系统，支持一维、二维、三维模拟。系统包括 EUTRO 和 TOXI 两个模块，能模拟多种水质组分，如水温、盐度、细菌、氮化合物、磷化合物、溶解氧、生化需氧量、藻类、硅土、底泥、示踪剂、杀虫剂、有机物及用户自定义的物质等在河流、湖泊和河口等水体中的输移和扩散（Wool et al.，2001）。

MIKE 系列模型是丹麦水力学研究所推出的水环境模拟综合软件产品。模型包括 MIKE11、MIKE21、MIKE31、ECOLab 等，支持一维、二维、三维模拟，可以用于河流、湖泊、湿地、水库等的水动力-水质-生态模拟，在大量的工程应用中取得了良好的效果（MIKE 21，1996；MIKE 3 Eutrophication Module，1996；MIKE 11，1993）。

QUAL2K 是 USEPA 水质模拟中心于 2003 年在 QUAL2E 基础上开发的纵向一维河流稳态模型，可模拟分支河网的富营养过程，模型可模拟溶解氧、生化需氧量、氨氮、亚硝酸盐氮、硝酸盐氮、溶解的正磷酸盐、藻类-叶绿素 a、大肠杆菌、温度等 15 种水质因子，并引入了水生生态系统与各污染物之间的关系，是非线性多因子水质模型的代表（Chapra et al.，2008）。

EPD-RIV1 是 USEPA 水质模拟中心基于美国陆军工程师兵团水道实验站 CE-QUAL-RIV1 模型开发的纵向一维河流水动力-水质模型，包括水动力模块和水质模块两个部分。模型能够模拟具有大量水工建筑物的河网系统的非恒定水流状态，可以模拟水温、氮、磷、溶解氧、生化需氧量、藻类、铁、锰、大肠杆菌等 16 种水质因子（Martin et al.，1990）。

CE-QUAL-ICM 是美国陆军工程师兵团水道实验站开发的一个水体富营养化水质模型，适用于河流、湖泊、水库、湿地、河口及海湾等地表水体。模型可模拟水温、盐度、藻类、碳、氮、磷、硅、溶解氧、浮游动物、病原体及有毒物质等 27 种水质因子（Cerco et al.，1995）。

4.水文序列变异分析

目前比较常见的水文序列变异检验方法多是由国外学者提出，如 Hurst 系数法、Brown-Forsythe 检验法、Mann-Kendall 检验法、Lee-Heghinian 检验法、Pettitt 检验法、

Yamamoto 检验法等。1965 年英国学者 Hurst 提出一种处理时间序列的方法，即 R/S 分析方法（rescaled range analysis）；Brown 等（1974a，1974b）提出了 Brown-Forsythe 检验法，主要是对单因子方差分析法的改进，克服了单因子方差分析法对样本要求比较高等问题；Mann-Kendall 法是 Mann 首先于 1945 年提出的，其后 Kendall 在 1975 年对该方法进行了改进，形成了 Mann-Kendall 检验法，该方法是一种非参数检验方法，不受样本及分布类型的限制，因此在水文分析中被广泛应用；1977 年，基于贝叶斯理论，Lee 和 Heghinian 提出了 Lee-Heghinian 检验法，适合于均值发生变化的情况；Pettitt 检验法是一种非参数检验法，首先由 Pettitt 提出，多用于检验时间序列发生突变的时间；Yamamoto 检验法最先应用于气温、日照等序列的突变检验中。

在 20 世纪初，国外学者开始研究水文变异，自 20 世纪 50 年代以来，关于水文序列趋势及突变分析等问题已经有许多专家学者对其进行了大量的研究，主要是运用统计学分析方法，包括对样本及分布类型要求比较严格的参数统计检验方法，以及计算比较简单、受样本影响较小且受少数异常值干扰比较小的非参数统计分析方法。如 Hamed 等（1998）、Hamed（2008）对 Mann-Kendall 检验法进行了改进和修正，并通过对比两种方法结果，说明修正的 Mann-Kendall 检验法能够消除序列的相关性对检验结果的影响；Burn 等（2002）、Xu 等（2003）通过建立的气候模型模拟预测不同情景下的降水趋势变化；Khazheeva 等（2016）对俄罗斯 Selenga River 流域的气温、降水、径流变化趋势等进行研究与分析；Degefu 等（2017）选取 14 个水文指标，采用 Mann-Kendall 检验法对埃塞俄比亚 Omo-Ghibe 流域 1972～2006 年的径流序列的趋势、突变等进行检验分析；此外，Irannezhad 等（2015）、Chatterjee 等（2016）、Dery 等（2016）分别对不同国家和地区的水文序列进行趋势及变点检验和分析。

1.2.2 国内研究进展

1. 闸坝建设的环境影响评价

国内在闸坝建设的环境影响评价工作主要包括两个方面：一是新建工程的影响预测评价，以权衡开发与保护的利弊；二是对已建工程影响的后评价，以确定是否需要进行河流生态修复。从水利工程项目建设的需求出发，有关管理部门和科研机构针对前一项研究工作开展了较多研究，其中最具代表性的是三峡大坝建设对长江中下游生态环境影响评价（长江水利委员会，1997）。此外，水利部门还颁布了一系列的行业规范和标准来指导环境影响评价工作的开展，如《中华人民共和国水利部关于水利水电工程环境影响评价的若干规定（草案）》（1982 年）、《水电工程环境影响评价规范》（NB/T 10347—2019）等。

在后评价方面，我国学者开展了较多的相关学术研究工作。如郭文献等（2010）结合北运河通县水文站 1931～1990 年流量资料、2004～2009 年水质资料对闸坝修建前后水文情势变化和关键性控制断面的水质时空变化进行了对比分析；胡巍巍（2012）通过研究蚌埠闸及其上游闸坝对水文情势的影响程度，并利用蚌埠站水文情势变化分析闸坝对淮河干流生态水文条件的影响；窦明等（2014）基于水质多相转化机理，分析了不同调度方式下闸控河段的水质迁移转化特点，提出在"水体-悬浮物-底泥-生物体"界面内开展水质多相转化研究的总体思路，推导了能有效描述各种相态水质之间传质过程的数学表达式，构建了具有一定物理机制的闸控河段水质多相转化模型；陈炼钢等（2014a，2014b）分别从理论和应用方面阐述了闸控河网水文-水动力-水质耦合数学模型。一些学者借助物理实验和数学模型等手段来开展闸坝影响后评估的定量研究，如阮燕云等（2009）通过明渠水槽模拟了闸门调控实验，分析了闸门影响下污染物迁移转化波形分布规律，并建立了流量与关键因子之间的 BP（back propagation，反向传播）神经网络模型；萧洁儿等（2009）运用改进后的河口、海岸和海洋建模系统（estuarine，coastal and ocean modeling system，ECOMSED），通过增加水闸模块模拟了广州市番禺区市桥河雁洲水闸建设对附近水域水质的影响；陈豪等（2014）设计了不同闸坝调度方式对污染河流水环境影响的综合实验方案，并在开展了现场实验的基础上，分析了槐店闸的浅孔闸在现状调度、闸门不同开度和闸门全部关闭 3 种调度方式下的水体悬浮物及底泥污染物变化规律；米庆彬等（2014）以沙颍河干流槐店闸为例，基于 MIKE11 模型构建了闸控河段水质-水生态数学模型，探析了水闸调度对河流水质-水生态过程的驱动作用和浓度变化规律。

另外一些学者从流域或水系尺度探讨了闸坝群调度对河流水量水质的影响作用，给闸坝影响评估提供了更广泛的应用空间，如朱俊（2005）基于对乌江流域的水质监测，探讨了水坝拦截对河流生源要素输送的影响及喀斯特地区大型深水水库内部生源要素的生物地球化学特征；张永勇等（2007）研制了耦合闸坝系统的分布式水量水质模型，并探讨了沙颍河流域闸坝群对水文循环和污染物运移的作用；戴昱等（2007）研制了适用于河口地区闸控河网水量水质计算耦合模型，并应用于上海市青浦、松江区河网的水质模拟；崔凯等（2011）从水质、水量两个方面建立了闸坝对河流水质水量影响评价指标体系，对淮河流域的蚌埠闸、阜阳闸、槐店闸以及蒙城闸进行影响评价；郑保强等（2012a）通过建立模型模拟分析发现，水闸调度使河道水位、流量及流速等水动力学条件发生明显变化，并对河流水质产生一定的影响；赵娟等（2012）借助 SMS 软件中的 RAM2 和 RAM4 模块，对沙颍河下游的颍上闸到淮河干流鲁台子间的河段进行数值模拟，研究了颍上闸下泄流量对淮河干流水质的影响；左其亭等（2013a）建立了闸坝群防污调控优化模型，采用多目标遗传算法和模糊优选相结合的方法对模型求解，得到重污染河流闸坝群优化调控方案；李冬锋等（2014）以淮河流域重污染河流沙颍河上的闸坝群为研究对象，分析了闸坝对水环境的影响，提出重污染河流闸坝调控策略，基于 MIKE11 软件构建了多闸坝河流一维水动力水质模型，分析沙颍河上的闸坝群调控对河流水质的影响。综上所述，国内研究多数从水动力学或水文循环角度来研究闸坝调度对水质水量的影响，闸控河段通常被概化为内边界条件来处理，而在单一的闸门调度与水质相态转化内在联系和驱动机制方面研究成果较少。

2.水质转化机理研究

从国内研究进展来看，主要集中在水体-沉积物界面上内源污染释放机制的研究，如吴雨华等（2006）以长春市南湖的水体、沉积物、生物膜和悬浮物为研究对象，对重金属的空间分布与富集情况进行了研究；龚春生等（2006）研制了浅水湖泊平面二维水流-水质-底泥污染的数学模型，并以南京玄武湖为例对水流和水质进行了数值模拟；逄勇等（2007）基于室内环形水槽装置设计了太湖底泥扰动实验，通过实验建立了底泥相总氮（total nitrogen，TN）、总磷（total phosphorus，TP）释放速率与流速之间的量化关系，并运用 ECOMSED 模型验证了实验结果；安文超等（2008）研究了山东省南四湖及其主要河流入湖口 18 个表层沉积物对磷的吸附能力及其吸附等温线，并针对湖区沉积物对磷的吸附特性及其理化特征之间的关系进行了探讨；郑保强等（2011）以沙颍河干流槐店闸为代表闸，提出一套闸坝调度对河流水质改善的可调性评估技术方法；柴蓓蓓（2012）采用现场调查与实验室模拟相结合的方法，探讨了多相界面氮及溶解性有机物（dissolved organic matter，DOM）循环转化释放规律及不同静水压对该多相界面过程的动态调控作用；鲍林林等（2015）针对闸坝区底泥中氨氧化细菌的丰度、分布及硝化活性进行了研究；刘洋等（2016）采用分子荧光定量对北运河闸坝区（上游沙河闸和下游杨洼闸）水体中氨氧化细菌的 amoA 基因拷贝数进行定量测定，并研究了闸坝设置和排污口污水排放对氨氧化细菌的 amoA 基因拷贝数、硝化活性和氮素转化的影响；窦明等（2016a，2016b）从闸控河段水环境系统的复杂作用机理出发，提出在"水体-悬浮物-底泥-生物体"界面内开展水质多相转化研究，同时引入"贡献率"的概念，定量评估水闸调度在水质多相转化过程中所起的作用大小，分析水闸调度对水体中各种反应机制的驱动作用，识别其中的主导反应机制；苏斌（2019）通过对滇池宝象河径流过程氮素赋存形态转化机理及其对氮输移通量的影响研究表明胸苷二磷酸（thymidine diphosphate，TDP）可能是导致宝象河干流上游漕河至下游宝丰湿地水体磷素以 TDP 为主要赋存形态的重要原因。

就河流而言，研究则以重金属相态转化机制为主，如黄岁樑等（1995）在分析了重金属在多沙河流中的相态转化机制基础上，推导出冲积河流重金属迁移转化整体数学模型；刘信安等（2004）引用 Mackay 提出的多介质逸度模型，描述了水环境中重金属污染的演化过程、扩散机制和界面行为，并以三峡流域为例进行了模型的参数敏感度分析和界面传输速率计算；姚保垒等（2011）在考虑泥沙对重金属迁移转化影响的基础上，建立了重金属迁移转化分相模型，以北江为例对各相重金属的模拟结果进行了对比分析。对于槐店闸，刘子辉等（2011）在设置现状调度、闸门开度减小、闸门开度增大 3 种调度方式下对水体和底泥污染物变化规律进行了分析；李冬锋等（2012a，2012b）构建了闸坝调控作用下的二维水动力污染物迁移模型，并开展了闸控河段重污染河流污染物迁移规律研究和水质水量的作用研究；窦明等（2013）结合水闸调度影响实验与偏相关分析方法，识别了闸控河段氨氮浓度变化的主要影响因子，研制了考虑水闸调控作用的水动力模型和考虑内源释放的水质迁移转化模型，在大量情景模拟基础上构建了氨氮浓度变化率与主要影响因子的经验关系式；左其亭等（2013b）构建了重污染河流闸坝防污限制水位模型，研究预防因污染团集中下泄造成水污染事件的闸坝防污限制水位，规范重污染河流闸坝的蓄水量；赵汗青等（2015）总结了河湖水沙对磷迁移转化的作用研究进展，提出有必要在实验技术创新的基础上探讨水沙微界面吸附，并结合生态作用完善复杂条件多因子耦合对泥沙迁移转化磷的理论研究；徐聪（2018）利用 Delft3D 系列软件，针对青草沙水库构建耦合水动力和水质过程的污染物模型，研究大尺度流域下痕量有机物的迁移转化规律；金光球等（2019）对泥沙颗粒与生源物质的微界面作用、水沙界面对生源物质的迁移转化作用、水流条件对泥沙吸附解吸生源物质作用机理进行总结和概述，总结阐述了河流水质模型和闸坝泵条件下的水环境调控模型，最后指出了平原河流水沙运动对生源物质输运作用机理及水环境调控。与国外相比，国内在污染物相态转化机理方面考虑得相对简单，较少涉及综合考虑多介质、多相态、复杂水力学条件下的水环境系统演化规律研究。

3.河流水质数学模型研究

我国水质模型的研究起步较晚，在 20 世纪 80 年代中期以后迅速发展，取得了相当多的成果，但总体来说相对零散，模型的通用性、全面性和易用性都有待进一步提升。如褚君达等（1992）、韩龙喜等（1998）采用类似河网水动力三级联解的方法建立了河网水质模型；杨春平等（1995a，1995b）利用有限单元法建立了复杂河段二维水质模型，计算了大源渡水库对湘江衡阳城区段水质的影响，并对复杂地形条件下二维河流的水质进行模拟和预测；吴时强等（1996）采用剖开算子法建立了平面二维动态水质数学模型，并在黄浦江进行了初步应用；徐贵泉等（1996）建立的感潮河网水量水质模型，不仅能反映感潮河网水量水质在受到各种因素影响下的变化规律，而且能反映感潮河网水体中各水质组分在厌氧、缺氧和耗氧状态下互相影响的变化规律；金忠青等（1998）采用组合单元法构建了适用于平原河网的水质模型，并在江苏南通河网进行了应用；赵棣华等（2000）应用有限体积法和黎曼近似解建立了平面二维水流-水质模型，并在汉江、长江江苏段等水域进行了应用，取得了良好效果；李锦秀等（2002）建立了三峡水库整体一维水质模型，该模型包含 10 余个水质要素变量，并采用双扫描方法求解了水动力和水质模型；彭虹等（2002）采用有限体积法，并考虑变量之间的相互作用建立了一维水流综合水质模型；徐祖信等（2003a）采用有限元模型建立了黄浦江干流二维水质模型，模拟了 4 种水质组分的变化过程；徐祖信等（2003b）基于一维对流扩散方程建立了平原感潮河网水质模型，同时采用有限元模型建立了黄浦江干流二维水质模型；吴挺峰等（2006）应用河网三级联解法，结合河网概化密度建立了总磷的水流和水质模型；王艳等（2007）结合二维水流水动力学模型、具有源汇项的对流扩散方程及水生态系统动力学模型建立了浅水水体生态修复模型，该模型包括水动力学模型、守恒物质对流扩散模型和富营养化动力学模型；张明亮等（2008）建立了一维河网水动力及水质模型、曲线坐标系下平面二维河流水动力及水质模型；张丽等（2013）建立了苏子河的 QUAL2K 水质模型，对该河 BOD、COD、NH_3-N 三种水质参数进行验证，表明苏子河 5 个监测点的水质指标模拟的相比误差均在 10%以内,计算值与实测值相关性较好,能够达到模型精度的要求;胡珺(2015)选取对数据需求量相对较小的河流一维稳态水质模型 QUAL2K 模型开展水质模型模拟与水质风险评估的研究;周正印等(2019)考虑水质迁移过程及水体自净作用,构建了基于三维水动力模型的河道水质数值模拟模型,运用无结构贴体网格划分技术建立了河道的计算网格模型,实现了对 BOD_5、NH_3-N 及 TP 浓度扩散过程的模拟;田凯达等(2019)、吴睿等(2020)、张美英(2020)利用 MIKE11 模型分别对合肥市十五里河和浑河流域的水质状态和水环境容量进行模拟分析。

4.水文序列变异分析

因受到水文监测仪器及技术等因素的限制,国内专家学者对水文序列变异分析的研究相对较晚,自 20 世纪 80 年代以来,众多学者才逐渐对其开展各种探讨,尤其是近年来,取得一定的研究成果。从研究方法来看,有些学者将国外一些水文序列检验方法与我国各流域的具体情况相结合,对研究方法做进一步的考虑与改进,另外一些学者基于一些算法提出了一套水文趋势检验方法。例如,丁晶(1986)处理洪水序列干扰点时提出了有序聚类检验方法;夏军等(2001a)、肖宜等(2001)综合考虑了参数和非参数检验方法存在的一些缺陷,提出了最优信息二分割法;王孝礼等(2002)将 R/S 分析法应用到水文序列变异分析中,定义了水文序列变点;谢平等(2009,2008)、李彬彬等(2014)、周丽萍等(2014)基于 Hurst 系数对降雨、平均气温等水文序列进行分析研究;陈广才等(2008)、谢平等(2014)基于启发式分割算法、相关系数等提出了水文趋势变异检验方法。从研究区域来看,研究范围涉及较广,多以径流、水文泥沙、降雨、气温等为研究对象。例如,褚健婷等(2009)对海河流域降水资料采用多种检验方法分析时空变异特征;张强等(2011)、陈玺等(2016)对黄河流域水文变异进行研究,并对水库、闸坝建设等人类活动对水文序列的影响进行探讨和研究;胡彩霞等(2012)、谢平等(2010,2007)、崔伟中(2007)、陆文秀等(2014)对珠江流域及其支流区域的降水、径流及水环境等时空变化趋势进行研究;邹悦等(2011)、何睿等(2015)对黑河流域水文序列变异点进行识别和分析;梁欣阳等(2016)采用 TFPW-MK 突变检验法和秩和检验法对黄河上游流域的径流进行变异分析,并对两种方法的检验结果进行对比分析;吴子怡等(2018)以相关系数作为基础指标,提出了一种理论严密且便于应用的水文序列跳跃变异分级方法,并利用统计试验验证了该方法对变异点显著性的检验精度;莫崇勋等(2018)分析了水文变异对水库汛期分期及汛限水位确定的影响,表明水文变异使后汛期汛限水位调控上限减少 1 m,水文变异主要影响后汛期汛限水位调控的上限但主汛期无明显变化。

我国专家学者对水文变异分析不断进行深入研究,探究其变异原因,以期为水资源的合理配置、水循环的良性发展等提供专业支撑和技术指导。综合来看,我国水文序列受人类活动影响较大,尤其是水库、大坝、水闸等水利工程的修建对水文序列产生一定的扰动,在未来的研究中需要不断探索如何消除水利工程建设对水文因素的不利影响,在发挥水利工程经济效率的同时削弱对水文、水环境的危害,趋利避害,实现人水和谐的治水理念。

1.2.3 存在问题分析

目前国内外在闸坝建设的环境影响评价、水质转化机理研究及水质水量变化效应方面均取得一定的进展，且部分研究成果已处于国际前沿领域。然而，由于研究视角和应用目的不同，目前还存在相应的科学问题，如何考虑水闸调度对悬浮物、底泥、水生生物等环境要素的扰动作用及水质相态之间的转化关系？如何正确处理流域开发与水环境保护，客观评价闸坝建设对流域水文水环境的影响，消除闸坝建设对河流水环境的不利影响？水流模型对水闸调度人为干预下的水流运动进行了大量模拟，如何通过调整水闸调度模式控制污染水体演进变化进行模拟？

1.3 本书研究思路

针对闸控河段人为干扰强烈的特点，在广泛参阅国内外相关文献、系统掌握该领域前沿理论的基础上，本书以淮河中上游代表性闸坝工程为研究对象，提出一套闸控河流水质多相转化理论方法体系，探究水闸调度对河流水环境演变的驱动机制。针对单闸作用下的闸控河段，综合采用水闸调度同步监测实验、环境水力学理论、情景模拟与数理统计等研究方法，研制考虑水闸调度驱动作用的水质多相转化数学模型，模拟在不同调度方式下污染物在各相态间的分配关系和转化过程，识别不同调度方式下的主导反应机制，建立水质浓度变化率与主要影响因子之间的量化关系。在构建水闸调度-水质浓度量化关系和入河污染负荷-水质浓度量化关系的基础上，阐述水闸调度对水质改善可调性的定义和判别方法，并对重点水闸的可调性进行了判别。针对多闸作用下的闸控河流，综合采用水文变异诊断方法、水环境数学模型、情景模拟等研究方法，研究闸坝建设对径流变化的影响效果，揭示多闸联合调度对研究水域水文情势与水质转化过程的影响规律。

第 2 章

闸控河流水质多相转化基本原理解析

受到闸坝等水利工程建设的影响，流域下垫面条件发生了较大变化，同时闸坝的修建阻断了河流天然的连续性，带来了河流生态环境不断恶化、生物多样性锐减等问题。流域水利工程建设对河流径流的演变和生态环境系统的影响研究不仅是国际上生态水文学领域研究中的前沿问题之一，也是流域综合管理中面临的一项具有普遍性、复杂性和紧迫性的任务。本章将在分析闸坝建设对河流原有特性的影响及河流天然属性变化的基础上，剖析水闸调度作用下水质的多相转化过程，并探讨水闸调度对水质多相转化的驱动作用，为厘清污染物在闸控河流水体不同相态间的转化提供理论基础。

2.1 闸控河流水流特征分析

河流是陆地表面上经常或间歇有水流的线性天然水道,但受闸坝等水利工程修建的影响,其天然属性发生了显著的改变。闸控河流是指在河道上建有闸坝等水利工程,且其水文情势和水质迁移转化过程受闸坝调控作用影响显著的水域。

河流孕育了人类文明,推动了经济社会的发展。随着经济社会的发展,人类改造自然的能力日益增强,为了保障人类免受洪水的威胁及自身发展的需要,人类对河流的开发利用程度逐步提高,数以万计的水利工程在天然河道上拔地而起(张永勇 等,2011)。闸坝工程的建设在给经济社会带来效益的同时,也对河流生态环境系统造成了一定的影响。闸坝的修建改变了河流原有的形态、水文特性、水力条件及其生态环境,这些变化使人类的正常生活也受到了直接或间接的影响。不同于一般河道,闸控河流水动力因子变化频繁、剧烈,由此造成水质在水生态环境系统中的生物地球化学行为异常复杂。

天然河道中修建闸坝等水利工程以后,闸坝将上游来水拦蓄在闸前,闸前河道被淹没,大大增加河流水深与水面面积,导致河流糙率及比降的减小,使河道原有的水力条件发生显著的改变,水体运动规律与原河道有所不同。同时受到闸坝的影响,河流流速和水量减小,泥沙的输移和搬运能力下降,泥沙淤积在闸前,致使河床抬高,河流蓄水能力降低,洪水发生的可能性增大。另外,闸坝工程的修建使河道径流被截留,河流的正常流量和水流过程发生显著改变,总体表现为汛期闸坝拦蓄洪水,延后洪峰出现时间,同时弱化峰值;枯水期闸坝开闸放水,加大下泄流量,以保障下游正常生产生活用水;中水期时间变长、流量过程相比建坝前起伏变小,但流量增大。由于受人为控制,闸坝下游流量变化较大,当闸门开启时,水流下泄,下游流量和水量变大;当闸门关闭时,水流阻隔在闸前,下游流量和水量减小。同时,闸坝不同下泄方式对河流本身的物理、化学及生物特性都具有重要的影响作用,而水力特性又是影响河流生态环境系统的最大因素,对于重要物种的生长、繁殖、生存等具有决定性的作用(崔凯,2012)。

闸坝工程的修建还对河道流量起到了调节作用,其主要受人类活动的影响,使原有河道的流量模式发生了显著的变化。闸门不同的开启方式对应着不同的下泄流量,下泄水体的水温和水质特点不尽相同,使得下游原有的物质、能量及生态环境系统结构和功能发生变化。这是因为闸坝的拦截,使上游来水壅堵在闸前,闸前水深变大,蓄水增多,水体受到的扰动变小,一定时期内水体温度和水质出现分层现象,而这种影响程度的大小往往又取决于闸坝本身的调度方案、泄流方式、溢流特性、蓄水量、坝前库容、泥沙沉积情况及流域本身的地质地貌特征。

2.2 水质多相转化过程分析

物质在环境中有着多种存在形态,不论是在不同环境要素(大气、土壤、岩石、水体)中,还是在同种环境要素中,其赋存形态不尽相同。按照水体对溶解于其中物质的作用及其分层现象，水体大致可分为上层的溶解相、中间层的悬浮相、底层的底泥相和生长于水体中的生物相。水质多相转化是指污染物质进入水体后，在物理、化学和生物等作用下，通过迁移、扩散、吸附、解吸、沉降、再悬浮、摄入和降解等过程，在溶解相、悬浮相、底泥相和生物相之间不断发生相态转化（窦明 等，2014b）。在相态转化过程中，污染物质不仅浓度在不断地发生变化，其存在形态也在发生变化，主要存在形态有分子、离子、胶体、悬浮物、有机物和无机物等。

1. 溶解相

溶解相物质包括溶解性气体和溶解于水中的物质，主要存在形态为离子、分子和微粒，它们随着水流的迁移在不同作用下浓度不断发生变化。对于溶解性气体，主要来源于大气和水生生物的光合作用，并受大气复氧作用、光合作用和动植物呼吸作用等影响而使其含量发生改变。对于溶解于水体中的物质，在水流的迁移扩散作用下，被悬浮颗粒和底泥沉积物吸附。对于生物生长必需的物质来说，由于受到生物的摄入，其在水体中微生物的作用下不断地发生降解，在这些综合作用下，其含量不断发生变化。

2. 悬浮相

悬浮物是指悬浮在水体中且颗粒直径为 $0.1 \sim 10 \ \mu m$ 的微粒固体物质，包括不溶于水体中的无机物、有机物、泥沙、黏土和微生物等。悬浮相物质在水体中主要通过吸附作用和解吸作用与溶解相物质发生转化，通过沉降作用和再悬浮作用与底泥相物质发生转化。

3. 底泥相

底泥通常是黏土、泥沙、有机质及各种矿物的混合物，是经过长时间物理、化学及生物等作用及水体传输而沉积于水体底部所形成的。底泥相物质主要通过吸附作用和解吸作用与溶解相物质发生转化，通过沉降作用和再悬浮作用与悬浮相物质发生转化。

4. 生物相

生物相主要是指水体中的藻类及水生生物，生物相物质的存在促使水体环境发生了一系列的生物化学过程，并使水体化学成分发生了变化。首先，藻类及水生生物通过光合作用产生 O_2、消耗 CO_2，同时又通过呼吸和降解作用消耗 O_2、产生 CO_2。然后，为了藻类及水生生物生长的需要，其在生长过程中会从底部沉积物中通过根部或直接从水体中吸收营养物质（如氮、磷等），从而使水体中的营养元素浓度降低。最后，在其生长和衰亡驯化过程中产生的有机残渣，一部分在水体中被微生物分解，另一部分沉淀到水体底部。

2.3 水闸调度对水质多相转化的驱动作用分析

水闸调度使河流的水位、流速、流量、糙率和水面比降等条件发生改变，且水体中物质的迁移转化过程的平衡遭到了破坏。水质多相转化过程中同一作用的强弱随水闸调度方式的改变而变化，各种作用随水闸调度方式的改变表现出不同的驱动作用。水质在水体各相态间转化的主要作用有迁移、扩散、吸附、解吸、沉降、再悬浮、生物富集和生化降解作用等。水闸调度实际上就是人为地控制闸门开度或闸门开启个数，使得水闸上下游的水位和流量发生改变，由于闸门调度对河道水动力条件、悬浮物、底泥等环境要素具有强烈的扰动作用，故闸控河流水质多相转化过程呈现出多介质、多相态、多反应过程的特点。闸门开度变大或闸门开启个数增多，水闸的下泄流量变大，闸上水位降低，相反水闸的下泄流量变小，闸上水位升高（郑保强，2012）。水闸不同的调度方式对水质多相转化的影响不尽相同，本节主要从水闸关闭和水闸开启两方面进行分析，水闸开启又分为大开度和小开度。

1.迁移与扩散

迁移作用是指以时均流速为代表的水体质点的迁移运动。扩散作用是指由于物理量在空间上存在梯度，使之逐渐趋于均化的物质迁移现象，包括分子扩散作用、紊动扩散作用和离散作用三个方面。一般情况下，进入江河湖泊的污染物，其赋存形态主要有溶解或胶体两种状态，在水流的迁移和扩散作用下不断混合。受到迁移与扩散作用的影响，排污口排放的污染物进入水体后，随水流向下迁移的同时，不断地与周围水体相互混合，很快得到稀释，使污染物浓度降低，水质得以改善。

2.吸附与解吸

吸附是指固体物质从水溶液中吸附溶解离子（分子）的作用，是水环境中的一种界面化学平衡，主要发生在胶体表面，分为物理吸附和化学吸附两类。解吸是吸附的逆过程，当水环境条件（如流速、浓度、pH、温度等）改变时，被吸附的物质又溶于水体中，使水体的污染物浓度增加。

3.沉降与再悬浮

沉降是由于分散相和分散介质的密度不同，分散相粒子在力场（重力场或离心力场）作用下发生的定向运动。水体中物质的沉降主要有吸附沉降和化学沉降，吸附沉降是指水体中悬浮颗粒吸收水体中的溶解性物质，颗粒逐渐变大，在重力场作用下发生沉降。化学沉降是指污染物在水体的迁移过程中，发生一系列的化学沉降作用，使水体中污染物成分发生变化。再悬浮作用则是已发生沉降的物质在水流的冲刷作用下再次回到水体中，并在水体中悬浮和搬运的现象。

4. 生物富集

生物富集（王凯雄 等，2010）指生物在其整个代谢活动期间通过吸收、吸附、吞食等各种过程，从周围环境中蓄积某些元素或难分解化合物，以致随着生长发育浓缩系数不断增大的现象。生物富集主要分为生物放大和生物浓缩：生物放大是指在生态环境系统中，由于高营养级生物以低营养级生物为食物，某元素或难分解化合物在生物机体中的浓度随营养级的提高而逐步增大的现象；生物浓缩是指生物机体或处于同一营养级上的许多生物种群，从周围环境（水、土壤、大气）蓄积某种元素或难分解化合物，使生物体内该物质的含量超过环境背景值的现象。

5. 生化降解

生化降解是引起有机污染物分解的最重要的环境过程之一。大多数污染物在随水流迁移扩散的同时，会在微生物的生物化学作用下降解或转化为其他物质，从而使水体中污染物浓度降低。以耗氧有机物来说，在好氧微生物或厌氧微生物的分解作用下发生降解，转化为无机物，被更高级的动植物利用，或生成甲烷、二氧化碳等气体逸出，使水体中有机物浓度降低。

2.3.1　水闸关闭下的水质转化驱动机制

水闸关闭时，河流的正常流动受到阻隔，河流原有的"连续性"遭到破坏，河流成为一种"非连续体"。此时河道中水流被阻隔在闸前，闸下河段也没有了上游来水的补给。闸上河段类似于水库，水流到达闸前时水流流速较常规河道相比，会在一定程度上变缓，并在闸前滞留，相比于天然河道，水体中颗粒物的迁移、吸附、沉降及水团混合性质等产生重大变化，大量泥沙及营养物质滞留于水体中，使得闸前水域成为营养物质的源头。

当在某一时刻开闸放水时，污染物再悬浮，悬浮的污染物随着闸门泄流向下游输送，而这些营养物质流经下游，极易导致水体的二次污染，进而改变下游河流的生态环境系统的物种结构、群落分布等。同时水位上升使得原有河道被淹没，河流水面面积增大，两岸生长的植被被淹没；闸前水深增大还使得水体出现"分层"现象，原来水体的水温热力分层发生改变，水体中生物原有的生存环境发生改变，干扰水体中生物的生存，生物的地球化学行为与天然河道河流中的情况发生显著不同，水环境本身的物理、化学特性也随之发生变化。

对于上层水体来说，由于水生植物种类与数量比较丰富，并且在风速等因素的影响作用下混合比较强烈，水生植物光合作用比较剧烈，上层水体中溶解氧的含量相对较高，污染物由水相向生物相的转化过程活跃；而对于下层水体，由于不具备上层水域强度的植物光合作用，该水层缺乏复氧机制补偿溶解氧，该层补偿溶解氧的方式主要是通过该层有机质本身所进行的氧化还原反应，深层水体处于厌氧反应状态（叶守泽 等，1998），微生物的分解过程占主导作用。而此时的闸下河段则类似于一个没有水源汇入的死水湖泊，水体不流动，且长时间蒸发，水体矿化度大，污染物浓度高，易发生水华现象。

总体上当水闸关闭时，闸前水域水体中的污染物主要在溶解相和底泥相、溶解相和生物相之间发生转化，闸下水域水体中的污染物主要在溶解相和生物相、生物相与底泥相之间发生转化。闸门关闭时水质在水体中的转化关系如图 2.1 所示。

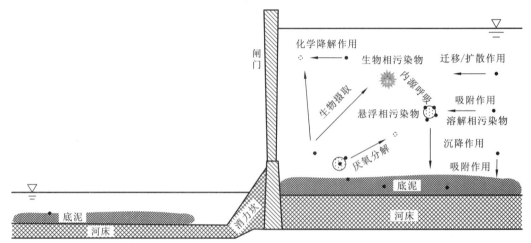

图 2.1　关闸时水质多相转化概念图

2.3.2　水闸开启下的水质转化驱动机制

水闸开启时，河流恢复了流动性，但其水动力条件相对常规河道来说发生了重大变化。污染物质的迁移转化规律与水闸的不同调度方式有着密切的联系，水闸开启放水，河道流量增加，水流流速变大。整体来说，污染物的迁移转化过程主要呈现以下特点：①大气向水体中的曝气作用明显增强，水体呈现好氧反应状态，自净能力增强；②水流对闸前底泥的搅动作用明显，底泥中固相污染物的再悬浮作用明显；③闸下消力坎处，颗粒性污染物被打散溶解重新进入水体中，并在好氧菌作用下被吸收转化为生物相；④闸下消力坎后断面在下泄水流的冲刷作用下，底泥相污染物的再悬浮作用增强，悬浮相浓度一定程度地增加。

水动力条件是影响水质多相转化的最主要因素，水闸处的下泄存在一个临界流速的问题。当水闸小开度下泄（下泄流速小于临界流速）时，水闸开始向下游泄流，上游水体中污染物在溶解相-悬浮相-底泥相-生物相之间发生一系列复杂的变化。溶解相物质在迁移扩散过程中，在悬浮颗粒和底泥的吸附作用下，向悬浮相和底泥相转化，而闸前底泥相污染物受水闸开启的扰动作用，在再悬浮作用下转化为悬浮相物质，悬浮相物质又在解吸作用下转化成水体中的溶解相物质，溶解相物质在生物摄取和化学降解作用下，一部分进入生物体内，一部分被细菌分解。在闸下消力坎处，随水流下泄的污染物在水流剪切和破碎作用下，底泥相再悬浮起来的污染物进一步变成更细小的悬浮颗粒，更利于耗氧细菌的分解；对于闸下消力坎后的断面，水闸下泄对下游水体底泥造成一定的冲刷，底泥相物质再悬浮，向悬浮相转化，但由于水闸下泄流量较小，水体中物质的沉降作用大于再悬浮作用，同时，水体流动，水体的曝气作用增强，水体中溶解氧浓度增加，污染物的化学作用加快，水体自净能力增强。

水闸大开度下泄（下泄流速大于临界流速）时，水闸下泄流量持续增大，闸上水位较闸门小开度时有所下降，水位降低，上游水体中污染物依旧在溶解相-悬浮相-底泥相-生物相之间发生一系列复杂的变化。溶解相物质在迁移扩散过程中，受悬浮颗粒和底泥的吸附作用，向悬浮相和底泥相转化，但较小开度下泄时作用减弱，而闸前底泥相污染物受水闸开启的扰动作用增大，向悬浮相物质转化增加，同时悬浮相物质的解吸作用增强，悬浮相解吸到溶解相的物质在生物摄取和化学降解作用下，一部分进入生物体内，一部分被细菌分解。在闸下消力坎处，下泄流量增大，水流对污染物的剪切和破碎作用增强；对于闸下消力坎后的断面，水闸下泄对下游水体底泥的冲刷作用增强，底泥相物质的再悬浮增强，水体中悬浮相物质浓度增大，同时，水体流动，水体的曝气作用增强，水中溶解氧浓度增加，污染物的化学作用加快，水体自净能力增强，浮游生物的聚集环境受到干扰，生物累积作用减弱。在此期间，水质成分先后经历了迁移、扩散、再悬浮、沉降、吸附、解吸、分解、摄入、内源呼吸、降解等一系列物理、化学、生物反应过程，在水体-悬浮物-底泥-生物体界面内不断进行转换，是一个非常复杂的物质循环和演变过程。闸门开启时水质在水体中的转化关系如图 2.2 所示。

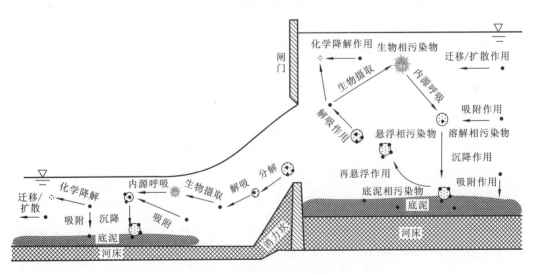

图 2.2　开闸时水质多相转化概念图

可知，受闸坝作用影响的河段，污染物在溶解相-悬浮相-底泥相-生物相之间发生着相互转化。闸门关闭时，污染物主要在沉降作用和生物摄取作用下，在溶解相与底泥相和生物相之间发生转化；闸门开启时，闸控河流水流变化更加剧烈，随着闸门开启方式的改变，污染物在水体中发生的主要转化过程也随之改变，污染物转化的物理化学过程更加复杂。需要说明的是，以上给出的只是常规水质指标的转化形式，对于其他一些水质指标（如重金属、难降解有机物）其转化过程不一定完全一致。重金属和难降解有机物有一个共同的特点就是它们在水体中残留时间长，有蓄积性。重金属除受到上述部分反应过程的作用外，还受氧化与还原、配合与螯合等的作用，这些反应过程往往与水体的酸碱性和氧化还原条件有密切关系。而对于难降解有机污染物来说，生物化学氧化具有十分重要的意义。尽管所有有机物都能够被氧化，但被氧化的难易程度却差别很大，不少有机物的氧化反应需要在强氧化剂作用下，或是在较高温度下，或是在强酸或强碱条件下，或是在适当催化剂的参与下才能进行。污染物在水体中的主要反应过程及其影响因子见表 2.1。

表 2.1　污染物的主要反应过程及影响因子

反应名称	过程描述	代表性物质	影响因子
迁移	以时均流速为代表的水体质点的迁移运动	所有进入水体的物质，包括气体、固体等	主要受水流流速和断面污染物质浓度的影响
扩散	物质在水体中浓度梯度趋于均化	易溶性物质，包括气体（O_2）、溶解性物质（含 C、N、P 等元素的物质）	主要与河流的形状、河底的粗糙度、河流的流速、水深等因素有关
吸附	表示吸收（吸附）和分配（溶解）的一般概念	重金属、在水体中以分子和离子存在的溶解性物质	取决于物质的亲水和疏水性质及吸附剂的成分；其决定因素有溶解性、吸附剂含量等
解吸	表示释放（解吸）的一般概念	有机物、不溶性颗粒物质	主要与 pH、温度、解吸剂等因子有关
沉降	分散相离子在重力场或离心力场作用下发生运动	金属硫化物、泥沙物质	取决于水流的搬运能力和悬浮物的负荷量
再悬浮	水体受到扰动，沉积物再回到水体中的过程	泥沙物质、动植物残体	取决于水体流速、沉积物浓度等
生物富集	水生生物在水体中对化学物质的吸收和累积作用，它往往是通过水和脂肪之间的分配完成的	重金属、生物生长所必需的溶解性物质，如含 C、N、P 等元素的物质	取决于物质特性（疏水性）和生物的脂肪含量，代谢和净化过程的速率
生化降解	生物酶对物质的催化转化过程	耗氧有机物、死亡的动植物残体	取决于物质的稳定性和毒性、微生物的存在及环境因素（包括 pH、温度、溶解氧、可利用的氮等）

污染物在进入水体后会受到一系列物理、化学和生物作用。在这些作用下水体中污染物浓度在不断发生着变化，这种变化对于水质改善来说可能是正面的（如耗氧有机物的降解过程），但也有可能是负面的（如汞的甲基化过程）。总的来说，在这些反应过程的作用下，河流水质朝着逐渐变好的趋势发展。因此，搞清水体中各个反应过程的作用机制、代表性物质及影响反应过程作用强弱的因子，对客观认识污染物的转化和消减有着重要意义，可以为保护和改善河流水质提供理论依据。

第 3 章

闸控河流水质多相转化数学模型研制

水质多相转化问题极为复杂，涉及多个学科的研究领域，主要包括水文、水动力、泥沙、水质等。淮河流域闸坝众多，在研究水质多相转化时，必须考虑水闸调度的影响，本章将以 MIKE 11 模型中的 HD 模块和 ECO Lab 模块为基础，HD 模块考虑了河道内水工建筑物对河流水动力条件的影响，为验证过闸流量计算的精度高低，结合槐店闸 2005～2012 年实测数据，根据五种过闸流量方法进行计算并对结果进行比较分析；同时将水质迁移转化基本方程、吸附-解吸过程描述方程、沉降-再悬浮过程描述方程和水生生物生长-死亡过程描述方程耦合到 ECO Lab 模块中，建立考虑水闸调度作用的水质多相转化模型，为分析闸控河流水质多相转化过程及水闸调度所起的作用提供有效工具。

3.1　整体设计思路

　　水质多相转化机理研究涉及物理化学、胶体化学、生物化学、微生物学、环境水力学及泥沙工程学等多个学科领域的理论基础。对于人为干扰强烈的闸控河流水域,由于受各种水环境要素的综合作用,运用单一相态的水质转化模型难以准确描述其水质转化规律,为此需要考虑水质在水体-悬浮物-底泥-生物体界面的多相转化过程,并构建闸控河段水质多相转化模型。该模型应体现两方面的特点:一是要突出闸门调度对河道水动力学过程的扰动作用,特别是在闸门、消力坎等非常规河道断面的数值计算;二是要突出对水质多相转化全过程的描述,包含溶解相与悬浮相和底泥相之间的吸附-解吸过程、悬浮相与底泥相的沉降-再悬浮过程,以及溶解相与生物相的摄入-死亡分解过程等。闸控河段水质多相转化模型的整体架构如图3.1所示。

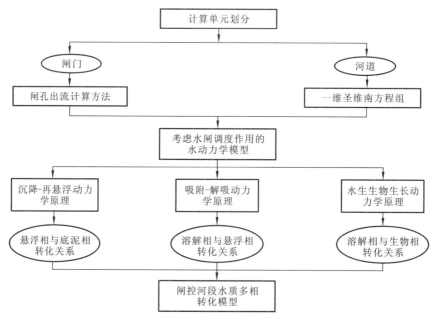

图 3.1　闸控河段水质多相转化模型框架

　　闸控河段水质多相转化模型由考虑水闸调度作用的水动力学模型和水质多相转化模型两部分组成。水动力学模型主要用于计算闸控河段的水位、流速、流量等水动力学参数。由于受到闸门的阻隔和约束,闸控河段水流过程较明渠河道更为复杂,呈现层流、紊流等不同水流形态。为了有效反映出流场的变化特点,根据闸控河段的河道地形特点,将其划分为闸上河段、闸门和闸下河段等不同水域,进而再分段进行处理和计算。对于闸上、闸下河段,其流态比较均匀,可依据圣维南方程组构建非恒定水动力学模型,来计算水流和悬浮物的运移过程。对于闸门处的泄流计算,可结合闸门实时调度方案,采用堰流、闸孔出流计算方法来计算其过闸流量。水质多相转化模型主要用于描述水质在不同介质之间的物理、化学、生物反应过程,以及由此引起的各相态水质浓度的时空变化情况。不同相态之间的传质过程需经历从一个平衡状态到另一个平衡状态的跨越，而常见的浓度扩散方程仅适用于对单相介质的描述，为此综合运用环境水力学、泥沙工程学、吸附-解吸动力学、水生生物生长动力学等理论，来描述水质在水体、悬浮物、底泥、水生生物等不同介质之间的转化过程。模型的输入主要包括水位、流量、水质浓度、河道地形、河网结构、水力学参数、水质参数和闸坝调度参数等，模型的输出主要包括水位、流量、流速及水质浓度等。

3.2　研究对象选取及闸控河段概化

3.2.1　研究对象选取

淮河流域多年平均水资源总量 799 亿 m^3，占全国的 2.9%，水资源人均、亩[①]均拥有量只有我国平均水平的 1/5，属于严重缺水地区之一。为减轻水旱灾害，中华人民共和国成立以来在淮河流域内修建了大量水利工程。根据《淮河流域水利手册》统计资料，全流域 2002 年建成水库 5 674 座，其中大型水库 36 座，控制面积 3.45 万 km^2，占山丘区面积的 1/3；中型水库 166 座。流域内建有各类水闸 5 427 座，其中大、中型水闸 600 多座。淮河流域闸坝等众多水利设施的修建，引起了天然径流过程的大幅度改变，对淮河流域的水生态环境系统造成了不利的影响。

考虑淮河流域目前的水污染状况，闸控河段选择淮河流域沙颍河槐店闸上下 2 km 范围内，其位于河南省沈丘县槐店镇。槐店闸属于大（II）型开敞式节制闸，是沙颍河重要的节制工程，上距周口市 60 km，下距豫皖边界 34 km，控制流域面积为 28 150 km^2。正常灌溉水位 38.5～39.5 m，最高灌溉水位 40 m，设计灌溉面积达 666.7 km^2（其中沈丘 313.3 km^2，淮阳、项城 353.4 km^2）。正常蓄水量为 3 000 万～3 700 万 m^3，最大蓄水量为 4 500 万 m^3。槐店闸由浅孔闸、深孔闸和船闸三部分组成，浅孔闸于 1959 年兴建，共 18 孔，每孔净宽 6 m；深孔闸于 1969 年兴建，共 5 孔，每孔净宽 10 m；其中浅孔闸调度频繁，深孔闸仅在汛期泄洪时使用，船闸基本不投入使用。槐店闸全景如图 3.2 所示。

根据淮河流域水流及水环境特点，沙颍河槐店闸的修建对河流水质的影响主要表现为：①闸坝的修建引起了河道水文情势的变化，流量、流速的变化导致了河流水质降解系数和水质浓度的改变；②闸坝和水库的调蓄作用，闸（坝）上蓄水量增加，纳污能力增大，水质有所好转；③闸坝调度对天然径流时空分布的改变也导致污染负荷的时空分布的改变。在污染严重的河流，非汛期闸门关闭，闸坝成为拦水蓄污的"污水库"。而在临汛前，闸门开启，大量污水团下泄，污水团在闸（坝）下游河段会形成一个较长的污染带，给下游带来大面积的污染。在汛后，由于洪水对河道内污染物的冲刷，河道水质将有明显改善。

---

① 1亩≈666.67 m^2。

图 3.2　槐店闸全景图

3.2.2　闸控河段概化

为了有效反映出闸控河段流场的空间变化特点,根据闸控河段河道地形特点和水流特性,将其划分为闸上河段、闸门和闸下河段不同水域,进而再分段进行处理和计算。闸上河段区域为 I 断面至 IV 断面之间的区域,闸门和消力坎为图 3.3 中标注的区域,闸下河段为消力坎下沿至 VII 断面之间的区域。各断面的具体位置分布为:I 断面位于槐店闸闸上公路桥以上数十米、排污口以下数米处;II 断面位于深孔闸和浅孔闸交错处以上数米的均匀区;III 断面位于 II 断面、IV 断面中间(闸上水文标尺往上);IV 断面位于闸前 10～20 m,船只能够到达闸前的最近距离处,但也不要靠得太近;V 断面位于闸后消力坎前端,闸后数米处;VI 断面位于闸后河流汇合前 5 m 处;VII 断面位于闸下水文站断面处。

2013 年 4 月和 2014 年 11 月分别在概化河段开展了第三次和第四次闸坝调控影响实验。2013 年 4 月实验期间,开展了以下工作:闸上监测组、闸下监测组、岸边监测组和室内检测组,每组使用不同的监测设备,承担不同的监测任务(陈豪 等,2014)。采样断面及采样点的布设如图 3.3 所示,具体的实验和分工过程如表 3.1 所示。

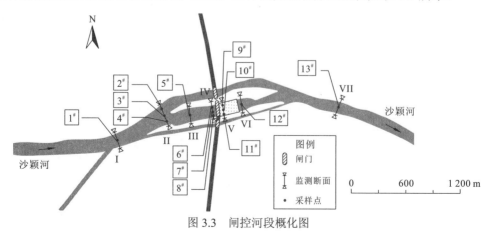

图 3.3　闸控河段概化图

表 3.1　实验检测取样过程

时间	闸门调度方式	实验内容			
		水体取样	底泥取样	现场监测	室内检测
2013-4-5 p.m.	8 孔 30 cm	闸上：1# 和 7#，7# 加测上层覆水取样 闸下：12# 和 13#	闸上：1# 和 7# 闸下：13#		pH：1#、7#、12#、13# COD 和 NH₃-N：12#
2013-4-6 a.m.	6 孔 50 cm	闸上：1# 和 7# 闸下：12# 和 13#	无		pH：1#、7#、12#、13# COD 和 NH₃-N：12#
2013-4-6 p.m.	6 孔 50 cm	闸上：1# 和 7#，增补 III 断面 5# 上层覆水取样 闸下：12# 和 13#	无	闸上在 IV 断面附近的左岸；闸下在 VI 断面附近的左岸	pH：1#、7#、12#、13# COD 和 NH₃-N：1# 和 12#
2013-4-7 a.m.	4 孔 70 cm	闸上：1# 和 7#，增补 III 断面 5# 上层覆水取样 闸下：12# 和 13#	无		pH：1#、7#、12#、13# COD 和 NH₃-N：12#
2013-4-7 p.m.	4 孔 70 cm	闸上：1# 和 7# 闸下：12# 和 13#	无		pH：1#、7#、12#、13# COD 和 NH₃-N：1# 和 12#
2013-4-8 a.m.	4 孔 10 cm	闸上：1# 和 7# 闸下：12# 和 13#	无		pH：1#、7#、12#、13# COD 和 NH₃-N：12#
2013-4-8 p.m.	闸门全关	闸上：1# 和 7#，5# 上层覆水取样 闸下：12# 和 13#	无		pH：1#、7#、12#、13# COD 和 NH₃-N：1# 和 12#

注：p.m. 为下午，a.m. 为上午；COD 为 chemical oxygen demand，即化学需氧量；NH₃-N 为 ammonium nitrogen，即氨氮。

实验的具体时间为 2013 年 4 月 5 日 16：00 至 4 月 8 日 12：00，主要目的在于研究不同调度方式下水质在水体、悬浮物、底泥等不同载体之间的转化规律，在实验设计阶段虽然设置了 7 个断面，但考虑实验的成本问题，仅对 4 个断面进行取样，即闸上的 I 断面和 IV 断面，闸下的 VI 断面和 VII 断面。实验期间在 4 个断面共进行 7 次系统采样[共采集 18 个水样、3 个底泥样和 4 个上层覆水样（用于检测悬浮相水质浓度）]。同时利用 HACH 水质监测组件和 DS5 藻类自动监测仪对闸上、闸下的水质进行了监测。实验时，每种开度下初始断面水位、流量、流速监测值如表 3.2 所示。

表 3.2　第三次实验初始断面水位、流量和流速监测值

时间	闸门调度方式	水位/m	流量/（m³/s）	流速/（cm/s）
2013-4-5　16：30	8 孔 30 cm	38.82	130.55	11.44
2013-4-6　09：00	6 孔 50 cm	39.18	208.67	17.54
2013-4-6　15：00	6 孔 50 cm	40.38	216.01	15.51
2013-4-7　09：30	4 孔 70 cm	38.68	148.97	13.15
2013-4-7　13：30	4 孔 70 cm	37.74	213.78	21.81
2013-4-8　08：30	4 孔 10 cm	39.57	115.46	9.18
2013-4-8　12：30	闸门全关	39.99	122.56	9.24

2014 年 11 月第四次实验是在 2013 年 4 月第三次实验的基础上增加了水生态指标的调查分析，进而评估闸控河流水生态状况及河流在不同调度方式下的水生态环境响应。本次实验与 2013 年 4 月实验采样断面保持一致，不同之处在于新增加了对浮游植物、浮游动物、底栖生物数量的检测。实验期间，主要开展了以下工作：闸上监测组、闸下监测组、岸边监测组和室内检测组，每组使用不同的监测设备，承担不同的监测任务。具体的实验和分工过程如表 3.3 所示。

表 3.3　实验检测取样过程

时间	闸门调度方式	取样内容				
		水质取样	底泥取样	悬浮物取样	现场监测	室内检测
2014-11-16 p.m	现状开度（全关）	闸上：1#和7# 闸下：12#和13#	闸上：1#和7# 闸下：13#	闸上：1#和7#	闸上在IV断面附近的左岸；闸下在VI断面和VII断面附近的左岸	无
2014-11-17 a.m.	6 孔 10 cm	闸上：1#和7# 闸下：12#和13#	无	闸上：1#和7#		pH：12#、13#； NH₃-N：12#、13#
2014-11-17 p.m.	6 孔 10 cm	闸上：1#和7# 闸下：12#和13#	无	无		NH₃-N：1#、7#、12#、13#
2014-11-18 a.m.	6 孔 20 cm	闸上：1#和7# 闸下：12#和13#	无	闸上：1#和7#		NH₃-N：12#、13#
2014-11-18 p.m.	6 孔 30 cm	闸上：1#和7# 闸下：12#和13#	无	无		NH₃-N：1#、7#
2014-11-19 a.m.	闸门全关	闸上：1#和7# 闸下：12#和13#	无	闸上：1#和7#		NH₃-N：7#、12#、13#
2014-11-19 p.m.						COD和NH₃-N：1#、7#、12#、13#

实验的具体时间为 2014 年 11 月 16 日 16：00～19 日 12：00，主要目的在于研究不同调度方式下水质在水体、悬浮物、底泥、水生动植物等不同载体之间的转化规律，在实验设计阶段虽然设置了 7 个断面，但考虑实验的成本问题，仅对 4 个断面进行取样，即闸上的 I 断面和 IV 断面，闸下的 VI 断面和 VII 断面。实验期间在 4 个断面共进行 6 次系统采样[共采集 14 个水样、3 个底泥样和 38 个上层覆水样（用于检测悬浮相水质浓度）]。同时利用 HACH 水质监测组件和 DS5 藻类自动监测仪对闸上、闸下的水质进行了监测。实验时，每种开度下初始断面水位、流量、流速监测值如表 3.4 所示。

表 3.4　第四次实验初始断面水位、流量和流速监测值

时间		闸门调度方式	水位/m	流量/（m³/s）	流速/（cm/s）
2014-11-16	16:00	闸门全关	36.63	31.88	3.30
2014-11-17	09:00	6 孔 10	38.04	43.08	4.46
2014-11-17	13:30	6 孔 10	36.96	91.76	9.50
2014-11-18	09:30	6 孔 20	36.22	58.82	6.09
2014-11-18	14:30	6 孔 30	35.02	44.43	4.60
2014-11-19	09:00	闸门全关	36.89	76.98	7.97

3.3　考虑水闸调度作用的水动力学模型构建

3.3.1　闸控河段水动力学模型构建

考虑水闸调度的水动力模型以丹麦 DHI 公司开发的 MIKE11 模型中的 HD 模块为基础。HD 模块具有以下特点：①求解明渠流完全非线性圣维南方程组（可选择扩散波和动力波简化方程）；②包含一个准稳态程序用于长期模拟的快速计算；③包含 Muskingum 和 Muskingum-Cunge 方法用于简化的河道演算；④自动匹配次临界流和超临界流计算；⑤可以模拟多种水工建筑物，包括堰、箱涵、桥梁和自定义建筑物；⑥灵活模拟洪水调度和水库构筑物（如闸和泵）。HD 模块包含河网文件、断面文件、边界文件和参数文件，计算时用到的时间序列文件对应地包含于上述文件中。其模型结构和数据传输过程如图 3.4 所示。

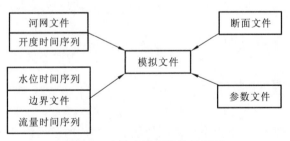

图 3.4　水动力模型结构示意图

HD 模块的建模原理主要是根据物质守恒原理和能量平衡原理构建的一维圣维南方程组，在模拟时采用有限差分格式对其进行数值求解，由此求得相应的水动力指标值。

圣维南方程组是 1871 年由法国科学家圣维南提出的，它是描述水道和其他具有自由表面的浅水体中渐变不恒定水流运动规律的偏微分方程组，由反映质量守恒定律的连

续性方程和反映动量守恒定律的运动方程组成。具体方程形式如下：

$$\begin{cases} B_s \dfrac{\partial h}{\partial t} + \dfrac{\partial Q}{\partial x} = q \\ \dfrac{\partial Q}{\partial t} + \dfrac{\partial}{\partial x}\left(\dfrac{\alpha Q^2}{A}\right) + gA\dfrac{\partial h}{\partial x} + \dfrac{gQ|Q|}{C^2 AR} = 0 \end{cases} \tag{3.1}$$

式中：x、t 分别为空间坐标和时间坐标；Q、h 分别为断面流量和水位；A、R 分别为断面过流面积和水力半径；B_s 为河宽；q 为旁侧入流；C 为谢才系数；g 为重力加速度；α 为垂向速度分布系数，即 $\alpha = A/Q^2 \int_A u^2 dA$，其中 u 为断面平均流速。

在闸控河段的水动力过程计算中，水闸的处理是模型构建的关键因素。在 MIKE 11 平台中，可控水工建筑物能在模拟过程中按照各种预设的调度规则，被模型自动判断调整运行方式。在本章中槐店闸的开启方式只是按照研究需要预先设置的各种调度情景，并没有考虑其防洪、灌溉、水污染控制等目标，因此在对闸门处理时不考虑调度规则优先度的设置问题，只设计了执行各调度目标的判断条件，以及当条件满足时（在该调度目标下）具体的调度时间序列。

水动力学模型是模拟水流在各种作用下水动力条件发生变化的模型。在模拟污染物质在水体多相转化过程之前，需对河道的水动力条件（如水位、流量、流速、过水断面面积等）进行模拟。为了描述水闸调度对河道水动力过程的影响，研制了考虑水闸调度作用的水动力学模型，该模型由一维圣维南方程组、闸门过流计算、平面回流计算及闸门调度方式等耦合而成，其中闸门过流计算及调度方式选择作为一个重要的内边界，起到连接闸坝上下游河段水动力学计算过程的作用。模型整体设计以圣维南方程组为基础，在此基础上综合考虑闸上河段、闸门、消力坎、闸下河段的水流特点，分别计算各段的水动力特征值。

对于闸上、闸下河段，其流态比较均匀，在模型中按照一维圣维南方程中的动量方程和能量方程进行计算。对于闸门，在模型中，水闸作为内边界条件来输入。具体做法为：首先，将闸门所在河段按照闸门个数进行计算单元的划分。其次，结合闸门实际调度方案（根据槐店闸调度规程，可选用全开式、交互开启式、集中下泄式等不同开启方式），将闸前水位及闸下流量作为水动力学模型的内边界条件嵌套和计算步骤传递。

3.3.2 过闸流量计算公式改进

考虑水闸调度的水动力学模型中最难处理的是闸门的过闸流量计算问题，适合的过闸流量计算公式能为接下来的水质多相转化模型提供精度更高的水动力数据。

过闸流量计算是一个复杂的过程，闸坝工程在不同的条件下各有其适应的公式，同一公式在不同闸坝上也表现出一定的适应性。针对闸门的过闸流量计算问题，国外学者主要从过闸流量的收缩系数和流量系数方面进行了研究，同时也对超临界流在入流条件下对水跃特点的影响做出了解释；国内学者在过闸流量研究方面多集中在具体过闸流量公式的改进方面，通过对经典公式的改进提高了计算精度，以及对不同用途过闸流量计算方法优选的研究。

　　实践证明，过闸水流的流态与闸门开度 e 和闸孔水头 H_0 的比值及底坎的形状有关。槐店闸的底坎属于曲线型，根据水力学中水流状况可以将闸上的水流形式分为堰流和闸孔出流两大类。当 $e/H_0 > 0.65$ 时是堰流，淮河一级支流沙颍河属于平原区河流，槐店闸闸前闸后的水位落差小，水流状况相对简单，属于堰流的情况统一按照实用堰流的水流状况计算；当 $e/H_0 \leqslant 0.65$ 时属于闸孔出流，水力学中又将闸孔出流分为自由出流和淹没出流两种情况，对于不同的流态不同的学者给出了不同的判别条件和计算公式，这些计算公式在其特定条件下表现出良好的适应性，以下分别介绍堰流公式和闸孔出流公式及其流量系数公式。

　　堰流流量计算公式：

$$Q_{过} = mb\sqrt{2g}H_{堰}^{\frac{3}{2}} \tag{3.2}$$

式中：$Q_{过}$ 为过闸流量，m^3/s；$m = \varphi k\sqrt{1-\xi}$，代表堰流时的流量系数，$\varphi$ 是反应局部水头损失的影响，k 是反应堰顶水流垂直收缩程度，ξ 代表堰顶断面平均测压管水头与堰顶全水头之比；$H_{堰}$ 为堰顶全水头，m；g 为重力加速度，m/s^2；b 为闸门的宽度，m。

　　闸孔出流计算公式，分为自由出流和淹没出流两种。

　　自由出流：

$$Q = \mu_0 eb\sqrt{2gH_0} \tag{3.3}$$

　　淹没出流：

$$Q = \sigma_s \mu_0 eb\sqrt{2gH_0} \tag{3.4}$$

式中：σ_s 为淹没出流时的淹没系数；μ_0 为闸孔出流时流量计算公式的系数；H_0 为闸上水深，m。

　　上述公式中闸门开度 e、闸门宽度 b、闸上水深 H_0 等都可以直接测量得到。对于流量系数 μ_0，不同学者给出了不同的计算方法，各种方法的计算结果在不同条件下精度不同。通过查阅大量文献，分析公式的实验条件及水流状况，给出以下几种闸孔出流流量系数计算公式及其适用条件的判定准则。

1.传统水力学计算公式

1）自由出流

判别条件：

$$h_t \leqslant h_c'' \tag{3.5}$$

流量系数：

$$\mu_0 = 0.60 - 0.176\frac{e}{H_0} \tag{3.6}$$

2）淹没出流

判别条件：

$$h_t > h_c'' \tag{3.7}$$

式中：h_t 为闸坝下游水深，m；h_c'' 为跃后水深，m；式（3.4）中淹没系数 σ_s 与潜流比（$h_t - h_c''$）/（$H_0 - h_c''$）有关（吴持恭，2008）。

2. Henry 公式

该公式由 P.K.斯旺米和 B.C.巴萨克提出，是在原有的过闸流量公式基础上进行新的实验分析，对闸孔出流判别条件及流量系数公式做出了新的改进（P. K.斯旺米 等，1993）。

1）自由出流

判别条件：

$$H_0 \geqslant 0.81 h_t \left(\frac{h_t}{e} \right)^{0.72} \tag{3.8}$$

流量系数：

$$\mu_0 = 0.611 \left(\frac{H_0 - e}{H_0 + 15e} \right)^{0.072} \tag{3.9}$$

2）淹没出流

判别条件：

$$h_t < H_0 < 0.81 h_t \left(\frac{h_t}{e} \right)^{0.72} \tag{3.10}$$

流量系数：

$$\mu_0 = 0.611 \left(\frac{H_0 - e}{H_0 + 15e} \right)^{0.072} (H_0 - h_t)^{0.7} \Bigg/ \left\{ 0.32 \left[0.81 h_t \left(\frac{h_t}{e} \right)^{0.72} - H_0 \right]^{0.7} + (H_0 - h_t)^{0.7} \right\} \tag{3.11}$$

3. 考虑闸门下沿形式

平板闸门下沿的形状对流量系数存在一定的影响，主要影响是改变了闸门下沿水流流态，进而改变其水头损失，并影响过闸流量。根据相关研究（王涌泉，1958），闸门下沿形式与平板闸门流量系数的关系为

$$\mu_0 = 0.65 - 0.186 \frac{e}{H_0} + \left(0.25 - 0.375 \frac{e}{H_0} \right) \cos\theta \tag{3.12}$$

式中：θ 为闸门板下沿角度。判别自由出流与淹没出流条件与传统水力学计算公式相同。

4. 杜屿公式

杜屿等（1997）通过对已有的闸孔流量系数计算的经验公式进行对比检验和分析论证，综合给出不同闸型的孔流流量系数公式，并对公式形式做了改进，改进后的流量系数公式为

$$\mu_0 = 0.54 \left(\frac{e}{H_0} \right)^{-0.138} \tag{3.13}$$

5.儒可夫斯基公式

儒可夫斯基应用理论分析的方法，求得在无侧收缩条件下闸门的垂直收缩系数 ε_2 和闸门的相对开度 e/H_0 的关系表，ε_2 取值随着 e/H_0 比值的不同而变化。其流量计算公式中流量系数 $\mu = \varepsilon_2 \phi \sqrt{1 - \varepsilon_2 \dfrac{e}{H_0}}$，$\phi$ 是流速系数，取值 0.9。

上述几种流量系数是在不同的实验条件下得到的，应用到不同的闸坝计算过闸流量时精确度也会不同。槐店闸的水流状况、闸坝参数等与圣维南方程组不相同，因此计算结果的准确度也不相同。为了找到更适合于槐店闸的流量系数计算公式，本小节将 9 种认可度较高的过闸流量系数计算公式进行对比分析，如表 3.5 所示。

表 3.5 过闸流量系数公式总结

编号	研究者	年份	表达式
1	Rajaratnam and Subramanya	1967	$C_d = \dfrac{0.611}{\sqrt{1 - 0.611^2 \left(w/y_0 \right)^2}}$
2	Larsen and Mishra	1990	$C_d = 0.489 \left(\dfrac{w}{y_0} \right)^{0.075}$
3	Swamee	1992	$C_d = 0.611 \left(\dfrac{y_0 - w}{y_0 + 15w} \right)^{0.072}$
4	Garbrecht	1977	$C_d = 0.6468 - 0.1641 \sqrt{\dfrac{w}{y_0}}$
5	Nago	1978	$C_d = 0.6 \exp \left(-0.3 \dfrac{w}{y_0} \right)$
6	广东省水利水电研究所		$\mu = 0.329 e^2 - 0.536 e + 0.703$
7	河海大学		$\mu = 0.613 \exp \left(-0.38 \dfrac{e}{H_0} \right)$
8	华东水利学院		$\mu = 0.352 + \dfrac{0.264}{e_0^{\frac{e}{H_0}}}$
9	武汉水利电力学院	1980	$\mu = 0.6 - 0.18 \dfrac{e}{H_0}$

由表 3.5 可知，在表示形式上国内学者习惯把流量系数、闸门开度、闸前水头分别用 μ、e、H_0 表示，国外学者则用 C_d、w、y_0 表示；在自变量的选取上，最为普遍的是寻找闸门相对开度和流量系数之间的函数关系，其中闸门实际开度和闸前水头是影响流量系数模拟精度的重要因素。不过也有特例，比如广东省水利水电研究所提出的公式探索了闸门开度与流量系数之间的关系，忽略了闸前水头。考虑不同研究者所针对的研究

对象不同，取用资料来源和实验条件不同，以至于每家不尽相同，所以存在流量系数和闸门开度相关性较大的情况。由表 3.5 可知，这些公式的共同点都是在探求流量系数和闸门相对开度的关系，故决定采用回归分析的方法来寻求最佳拟合函数。

在表 3.5 提到的过闸流量系数公式中，有复合函数、幂函数、指数函数、一次函数、三次多项式五种形式，考虑所研究对象为平原水闸，过流情况较为简单，拟采用对数函数替换复合函数进行研究，五种公式的通用表达式如表 3.6 所示。

表 3.6　五种公式通用表达式

公式类型	表达式
对数函数	$\mu = c_1 \ln\left(\dfrac{e}{H_0}\right) + c_2$
幂函数	$\mu = c_1 \left(\dfrac{e}{H_0}\right)^{c_2} + c_3$
指数函数	$\mu = c_1 e^{\left(c_2 \frac{e}{H_0}\right)} + c_3$
一次函数	$\mu = c_1 \dfrac{e}{H_0} + c_2$
三阶多项式	$\mu = c_1 \left(\dfrac{e}{H_0}\right)^3 + c_2 \left(\dfrac{e}{H_0}\right)^2 + c_3 \cdot \dfrac{e}{H_0} + c_4$

注：式中 C_1、C_2、C_3、C_4 均为常数。

通过对槐店闸 2005～2012 年的实际观测数据和实际情况进行分析，槐店闸属于曲线型底坎，闸门一般安装在堰顶，当闸孔泄流时，由于闸前水流是在整个堰前水深范围内向闸孔汇集的，出闸水流的收缩比平顶型坎上的闸孔出流更充分、更完善。出闸后的水流在重力作用下，紧贴堰面下泄，闸孔附近没有形成水流收缩断面，曲线型坎上的闸孔出流也分自由出流和淹没出流两种情况。在实际工程中，下游水位过高而使闸孔形成淹没出流的情况十分少见，在槐店闸的实际观测数据中，也并未发现，因此本小节对槐店闸的闸孔出流只讨论自由出流情况。

在对数据的观察中，还发现浅孔闸和深孔闸常年使用，在洪水期深孔闸开启闸孔数增多且开启时间变长，在洪水期以外的时间内仅下游需水时深孔闸才会适时开启。当深孔闸、浅孔闸同时开启，忽然关闭深孔闸时，会导致浅孔闸闸前水位升高，一定时间内水位波动较大，对闸孔出流计算产生一定程度的影响。船闸水体流速小，关闭或开启时对浅孔闸闸前水位影响较小，为提高模拟精度，将深孔闸、船闸开启时的数据进行筛选和剔除，选择稳定的浅孔闸出流数据进行实验，所选数据过闸流量与闸门开度随时间变化的关系如图 3.5 所示。

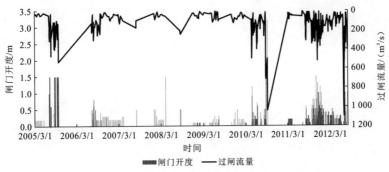

图 3.5　过闸流量与闸门开度随时间变化关系图

　　槐店闸 2005～2012 年的水闸调度资料，主要为上下游水位、闸前水头、闸孔水深、闸孔流量和水位、闸门开启度和个数等监测数据，从中选择数据完整连续且前后数据没有发生较大突变的点用于实验分析，其中选择 2005～2010 年的 366 组数据用于模型参数率定，2010～2012 年的 104 组数据用于模型验证。五种公式率定期模拟结果如图 3.6 所示。

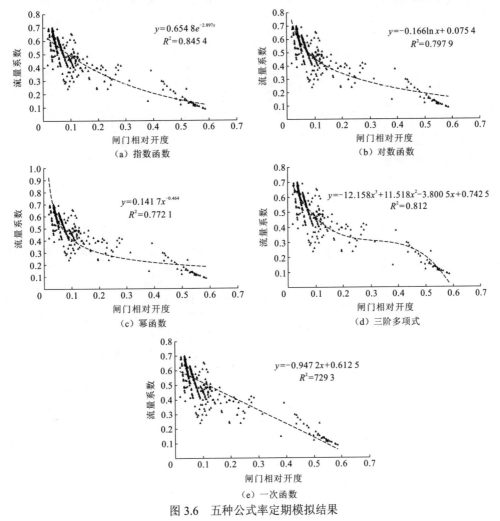

图 3.6　五种公式率定期模拟结果

由图 3.6 可知，当闸门相对开度在 0.02～0.30 时，数据较为集中，这与采集数据时槐店闸常年保持小流量下泄较为吻合；当闸门相对开度较大时，流量系数和闸门相对开度的线性关系良好。在五种不同形式的拟合关系式中，指数函数的相关性最好；虽然一次函数相关性最低，但闸门相对开度较大时拟合效果较好。由于闸门相对开度较小时流体的黏性力和闸墩的侧向收缩作用，误差多集中在这一部分。整体来说，一次函数的最大误差较大，且闸门相对开度较小时拟合效果较差。另外，选用 2010～2012 年的 104组数据对这五种公式进行验证，验证结果如图 3.7 所示。

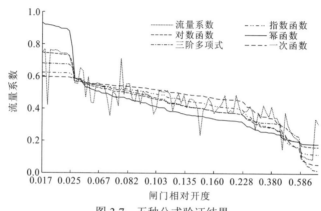

图 3.7   五种公式验证结果

由图 3.7 可知，当闸门相对开度在 0.017～0.103 时，对数函数拟合效果较好，而幂函数和一次函数误差较大；当闸门相对开度在 0.103～0.380 时，指数函数、对数函数、三阶多项式与实测值较为接近，而一次函数和幂函数误差较大；当闸门相对开度超过0.380 时，对数函数和一次函数的拟合效果较好。整体来说，误差较大的点多集中在大开度和小开度，大多数点的相对误差则在较小范围内变化。

由表 3.6 给出的五种通用函数表达式，结合率定期数据进行拟合得到指数函数、对数函数、幂函数、三阶多项式、一次函数五种形式的流量系数公式，计算各个公式最大绝对误差、平均相对误差、变差系数进行对比，如表 3.7 所示。

表 3.7   率定期五种公式模拟流量系数对比

特征值	指数函数	对数函数	幂函数	三阶多项式	一次函数
最大绝对误差	0.26	0.32	0.92	0.26	0.29
平均相对误差/%	13.1	13.6	15.5	11.9	15.3
变差系数	0.268	0.276	0.325	0.279	0.264

由表 3.7 可知，幂函数最大绝对误差为 0.92，远高于其余四种公式，其次为对数函数和一次函数，三阶多项式和指数函数最大绝对误差最小，均为 0.26。幂函数最大绝对误差较大，主要是因为当闸门开度较大时拟合效果不理想。平均相对误差最大的为幂函数，为 15.5%，一次函数平均相对误差为 15.3%，虽然两者较为接近，但拟合效果相差

较大,一次函数在闸门相对开度大于 0.380 时,拟合效果较为理想,当相对开度处于 0.01~
0.20 时,幂函数拟合效果较好。指数函数和对数函数平均相对误差比较接近,三阶多项
式平均相对误差最小。从变差系数上来看,幂函数变差系数最高为 0.325,指数函数、对
数函数、三阶多项式、一次函数的变差系数分别为 0.268、0.276、0.279、0.264,离散程
度较为接近。

为了更好地比较五种公式在槐店闸的适用性,对于验证期的数据采用相关系数(r)、
相对误差(re)、纳西效率系数(NSEC)分析各公式计算值的精度。计算结果如表 3.8
所示。

相关系数:

$$r = \frac{\sum \left(O_i - \overline{O}\right) \cdot \left(S_i - \overline{S}\right)}{\sqrt{\sum \left(O_i - \overline{O}\right)^2 \cdot \sum \left(S_i - \overline{S}\right)^2}} \tag{3.14}$$

式中:Q_i 为实测值,S_i 为公式的计算值,$\overline{O}$ 为实测平均值,$\overline{S}$ 为公式的计算平均值。

相对误差:

$$\text{re} = \frac{\sum \left(O_i - S_i\right)}{\sum O_i} \tag{3.15}$$

纳西效率系数:

$$\text{NSEC} = 1 - \frac{\sum \left(O_i - S_i\right)^2}{\sum \left(O_i - \overline{O}\right)^2} \tag{3.16}$$

表 3.8　五种公式验证结果对比

函数类型	r	re/%	NSEC
指数函数	0.848 8	4.6	0.690 9
幂函数	0.855 3	5.7	0.500 0
对数函数	0.887 5	4.0	0.755 8
一次函数	0.792 9	0.9	0.581 8
三阶多项式	0.834 9	6.3	0.591 0

由表 3.8 可知,对于相关系数,对数函数的相关系数最大为 0.8875,幂函数、指数
函数和三阶多项式分别为 0.8553、0.8488 和 0.8349,一次函数的相关性最差(相关系数
为 0.7929)。对于相对误差,三阶多项式最大为 6.3%,幂函数为 5.7%,指数函数和对数
函数分别为 4.6%、4.0%,一次函数最低为 0.9%。根据图 3.6,当闸门相对开度在 0.02~
0.27 时,一次函数计算值要高于实测值,其余四种函数均低于实测值,其中幂函数计算
值远低于实测值;当闸门相对开度逐渐变大时,一次函数计算值的变化趋势与实测值变
化趋势较为接近,指数函数和对数函数在整个变化区间都较为稳定。从纳西效率系数来
看,对数函数最大为 0.7558,指数函数为 0.6909,而幂函数、一次函数、三阶多项式都

未超过 0.6000。

综上所述，槐店闸过闸流量运用对数函数公式计算的误差较小，且拟合效果较好，比其余四种公式更适合于槐店闸的实际情况，故选取对数函数公式进行改进，以便提高精度。采用最小二乘法原理，对方程组进行求解，解得 $a=0.1411$、$b=-0.143$，得到改进的对数函数公式 $y=-0.143\ln x+0.1411$。改进公式拟合效果如图 3.8 所示。

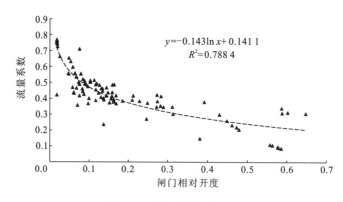

图 3.8　改进公式拟合效果

为了验证改进对数函数公式的精确性，对其进行相关系数、平均相对误差、纳西效率系数的计算，并与改进前的公式的参数进行对比，结果见表 3.9。

表 3.9　对数公式改进前后参数对比

对数函数	r	re	NSEC
改进前函数	0.8875	0.0398	0.7558
改进后函数	0.8877	0.0018	0.7886

由表 3.9 可知，改进后的公式相关系数略有提高，相对误差减小较为明显，纳西效率系数稍有提高。为了更进一步验证改进后的公式的适用性，同时消除极值点的影响，本小节从实测数据系列中随机抽取 20 组数据，结合过闸流量公式进行计算，并对比改进前后实测值与计算值，如表 3.10 所示。

表 3.10　对数函数改进前后实测值与计算值对比

时间	实测流量值 /(m^3/s)	对数函数公式计算值/(m^3/s)		e/H_0	对数函数公式流量相对误差/%	
		改进前	改进后		改进前	改进后
2012 年 7 月 23 日	28.8	28.81	27.74	0.0172	0.02	3.68
2012 年 6 月 11 日	84.6	82.62	79.68	0.0183	2.33	5.81
2012 年 6 月 9 日	26.2	43.90	42.41	0.0195	67.57	61.85
2009 年 4 月 13 日	24	12.55	12.46	0.0481	47.71	48.08

续表

时间	实测流量值 / (m^3/s)	对数函数公式计算值/ (m^3/s)		e/H_0	对数函数公式流量相对误差/%	
		改进前	改进后		改进前	改进后
2009 年 6 月 6 日	72	64.23	64.01	0.052 8	10.79	11.10
2010 年 12 月 26 日	133	136.64	138.31	0.075 2	2.74	4.00
2011 年 9 月 26 日	300	183.53	187.34	0.088 5	38.82	37.55
2011 年 12 月 9 日	250	225.03	231.72	0.103 1	9.99	7.31
2012 年 7 月 9 日	193	184.67	193.82	0.137 4	4.31	0.42
2010 年 9 月 6 日	495	386.49	410.55	0.160 4	21.92	17.06
2012 年 8 月 4 日	407	349.60	380.68	0.209 6	14.10	6.47
2011 年 12 月 7 日	369	285.92	327.27	0.311 7	22.51	11.31
2005 年 7 月 7 日	115	182.94	216.64	0.380 2	59.08	88.38
2005 年 8 月 25 日	400	288.84	350.85	0.429 8	27.79	12.29
2005 年 8 月 27 日	280	254.89	316.81	0.473 2	8.97	13.15
2005 年 9 月 19 日	130	202.75	264.23	0.557 6	55.96	103.25
2005 年 9 月 12 日	106	191.66	253.00	0.579 2	80.82	138.68
2012 年 7 月 7 日	1 000	529.62	702.90	0.588 2	47.04	29.71
2012 年 7 月 5 日	1 000	510.67	683.66	0.602 4	48.93	31.63
2012 年 9 月 7 日	1 040	501.51	690.97	0.647 8	51.78	33.56

由表 3.10 可知，当闸门相对开度处于 0.01～0.65 时，整体上改进的对数函数公式相对误差减小。当 e/H_0 在 0.01～0.08 时，改进后公式较改进前相对误差略有增大，由于闸门开度较小，下泄流量较小，闸底坎型式、闸门底缘型式、流体黏性力会对计算精度产生较大干扰，计算值与实测值的绝对误差较小，可以接受。当 e/H_0 在 0.08～0.45 时，改进后的公式计算精度有所提高，相对误差也维持在 10%左右，说明改进后的公式能较好拟合此范围内的数据。当 e/H_0 在 0.45～0.65 时，闸门开度相对较大，下泄流量也大，由于槐店闸正处汛期，上游放水和过闸流量变化较大对过闸流量计算影响较为明显，改进前的计算值与实测流量相差高达 500 m^3/s 左右，而相对误差则达到了 50%以上，最高甚至达 80.82%。改进后公式计算值虽然有所接近实测值，但计算值与实测流量相差仍为 300 m^3/s 左右，相对误差降至 30%左右，但效果仍不太理想。

对实测数据中闸门相对开度大于 0.42 的 34 组数据进行单独观察，发现线性关系较好，对其进行拟合如图 3.9 所示。

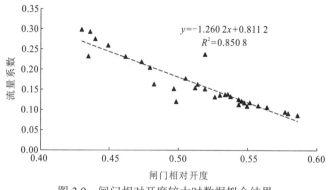

$$y=-1.260\,2x+0.811\,2$$
$$R^2=0.850\,8$$

图 3.9　闸门相对开度较大时数据拟合结果

由图 3.9 可知，除个别数据点偏差较大外，大多数点的拟合效果都较为理想，当闸门相对开度在 0.50 左右时有两个点的偏差较大，这可能与监测时过闸流量变化较大有关。为了证明此公式的精确性，当闸门相对开度在 0.42～0.58 时，选取 9 组实测数据，将线性公式与改进后的对数公式计算值进行对比，结果如表 3.11 所示。

表 3.11　闸门相对开度较大时改进公式与线性公式对比

闸门相对开度	实测流量/（m³/s）	改进公式计算流量/（m³/s）	改进公式相对误差/%	线性公式计算流量/（m³/s）	线性公式相对误差/%
0.4298	400	350.85	12.29	361.18	9.71
0.4360	390	345.60	11.39	348.19	10.72
0.4732	280	316.81	13.15	274.38	2.01
0.4823	207	310.35	49.93	257.27	24.28
0.5300	165	279.78	69.56	172.89	4.78
0.5357	167	276.46	65.54	163.35	2.19
0.5576	130	264.23	103.25	127.64	1.81
0.5639	125	260.87	108.70	117.64	5.89
0.5792	106	253.00	138.68	93.83	11.48

由表 3.11 可知，与改进公式对应的计算值和相对误差对比，线性公式相对误差都有一定程度的减小。当闸门相对开度为 0.5576、0.5639 和 0.5792 时，改进公式的相对误差分别为 103.25%、108.70%和 138.68%，而线性公式的相对误差分别为 1.81%、5.89%和 11.48%，相对误差降幅明显；改进公式在闸门相对开度较大时的相对误差较大，主要是因为最小二乘法原理是利用最小化误差的平方和来寻求最佳拟合函数，而实测数据多集中在闸门相对开度较小时，在闸门相对开度较大时，计算值与实测值相差较大。槐店闸位于淮河中上游流域季风气候带，降水比较集中，流域在 6～9 月的降水占全年降水的60%～80%，而枯水期河流量随着降雨的减少而大幅度减少，流量较丰水期少很多。

降水导致的过闸流量变化较大也在一定程度上影响了观测数据的准确性。综上所述，决定采用分段函数形式来表达槐店闸过闸流量系数公式，如式（3.17）所示。

$$\begin{cases} \mu = -0.166\ln\left(\dfrac{e}{H_0}\right) + 0.0754, & 0.01 \leqslant \dfrac{e}{H_0} \leqslant 0.08 \\[3mm] \mu = -0.143\ln\left(\dfrac{e}{H_0}\right) + 0.1411, & 0.08 \leqslant \dfrac{e}{H_0} \leqslant 0.42 \\[3mm] \mu = -1.2602\dfrac{e}{H_0} + 0.8112, & 0.42 \leqslant \dfrac{e}{H_0} \leqslant 0.60 \end{cases} \quad (3.17)$$

为了验证上述流量系数公式的模拟精度，从 2005~2012 年实际观测数据中随机抽取 15 组数据，且相邻两组闸门相对开度的差值不大，使数据均匀分布。并结合过闸流量计算公式进行计算，结果如表 3.12 所示。

表 3.12　分段函数计算值与实测值对比

时间	闸门相对开度	瞬时流量/（m³/s）	计算值/（m³/s）	绝对误差/（m³/s）	相对误差/%
2010 年 1 月 11 日	0.024 9	61.2	66.011 6	4.811 6	7.86
2009 年 5 月 15 日	0.032 8	31.5	41.744 0	10.244 0	32.52
2012 年 4 月 23 日	0.038 2	59	75.097 1	16.097 1	27.28
2011 年 10 月 13 日	0.051 7	89	100.122 4	11.122 4	12.50
2012 年 3 月 9 日	0.079 4	124	130.638 6	6.638 6	5.35
2012 年 1 月 26 日	0.110 5	140	156.746 6	16.746 6	11.96
2012 年 1 月 4 日	0.141 6	163	178.418 6	15.418 6	9.46
2011 年 12 月 17 日	0.169 1	269	277.419 5	8.419 5	3.13
2011 年 11 月 22 日	0.248 1	336	360.831 6	24.831 6	7.39
2011 年 12 月 7 日	0.311 7	369	404.110 9	35.110 9	9.52
2005 年 8 月 20 日	0.449 1	340	321.448 2	18.551 8	5.46
2005 年 7 月 10 日	0.479 2	260	262.997 9	2.997 9	1.15
2005 年 8 月 26 日	0.505 1	220	215.974 3	4.025 7	1.83
2005 年 9 月 19 日	0.557 6	130	127.612 7	2.387 3	1.84
2005 年 9 月 12 日	0.579 2	106	93.901 9	12.098 1	11.41

由表 3.12 可知，在所限定的公式适用范围内，计算值与实测值均较为接近，绝对误差显著减小。当 $0.01 \leqslant e/H_0 \leqslant 0.08$ 时，绝对误差保持在 10 m³/s 左右，由于闸门相对开度较小，实测流量值较小，平均相对误差在 17%左右；当 $0.08 \leqslant e/H_0 \leqslant 0.60$ 时，绝对误差最大时为 35.110 9 m³/s，相应实测瞬时流量为 369 m³/s，相对误差不大；在此范围内，平均相对误差低于 10%，证明公式模拟效果良好。

3.4 水质多相转化数学模型构建

由于水闸调度对河道水流、悬浮物、底泥等环境要素具有强烈的扰动作用，故闸控河段水质多相转化呈现出多介质、多相态、多形式的特点。水质水量耦合过程或单一水质过程很难准确描述水质在多相之间的转化，为了描述水质在水体-悬浮物-底泥-藻类界面内的转化过程和分布规律，考虑其在闸控河段内以不同形态进行相互转化，按照质量守恒原理，研制水质多相转化数学模型。该模型由水质迁移转化基本方程、吸附-解吸过程描述方程、沉降-再悬浮过程描述方程、水生生物生长-死亡过程描述方程耦合而成，其中基本方程反映了各相水质之间的转化关系，由描述水质迁移扩散作用的基本项和描述不同相态之间传质过程的转化项组成；吸附-解吸过程描述方程、沉降-再悬浮过程描述方程和水生生物生长-死亡过程描述方程分别用于描述不同相态水质之间传质过程的物理机制。水质指标主要考虑了藻类（phytology，PYT）、化学需氧量（COD）、溶解氧（DO）、氨氮（NH_3-N）、硝酸盐氮（NO_3-N）、有机氮（organic nitrogen，ON）、总磷（TP）7 个指标，从 DO 的产生和消耗、PYT 的生长和死亡、碳循环、氮循环、磷循环等方面考虑它们之间的相互作用，其中 COD、ON、TP 考虑了溶解相、悬浮相、底泥相、生物相的空间分布，PYT、DO、NH_3-N、NO_3-N 只考虑溶解相的空间分布。各水质指标之间的生物、化学、物理反应过程如图 3.10 所示。

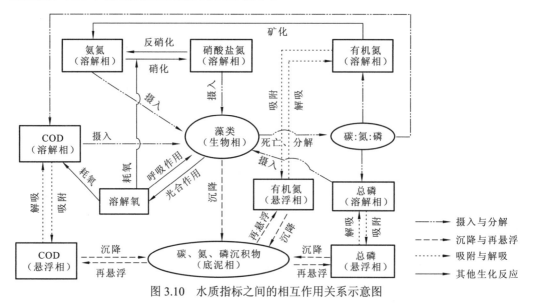

图 3.10 水质指标之间的相互作用关系示意图

3.4.1 水质指标及其相互作用

1.DO 的产生和消耗

水体中溶解氧的数量是评价水环境质量优劣的一个重要指标，由于溶解氧是重要的氧化剂和水生生物生存的基础物质，水体中的多数生物化学反应过程都需要溶解氧的参与。影响溶解氧浓度的主要反应过程可分为耗氧作用和复氧作用两大类。

耗氧主要发生在水体、底泥、水生生物中。水体耗氧主要是有机物耗氧，水体中有机物在好养菌和兼性菌的作用下会逐步分解，并消耗一定的溶解氧，这一过程通常分为两个阶段：第一阶段是碳化阶段，即含碳有机化生化需氧量（carbon biochemical oxygen demand，CBOD）氧化分解的耗氧过程；第二阶段是硝化阶段，即含氮有机化生化需氧量（nitrogen biochemical oxygen demand，NBOD）氧化分解的耗氧过程。底泥的耗氧作用一般有两个方面：一方面处于沉积状态的底泥，会通过生物降解消耗一小部分溶解氧；另一方面被水流冲刷上浮时，会在表层被水进一步降解，引起溶解氧大量的消耗。藻类等水生生物主要通过呼吸作用不断地消耗水中的溶解氧。

复氧过程主要包括大气复氧、上游来水供氧和藻类光合作用等，其中大气复氧是水中溶解氧最重要、最普遍的补给来源。水体的大气复氧是一个极为复杂的过程，目前基于气体向水中转移的设想推求的复氧理论主要有分子扩散理论、双膜理论、薄膜更新理论等。藻类等水生生物在光能的作用下，利用二氧化碳、水及氮、磷等无机营养物合成有机物，并释放出溶解氧。

2. PYT 的生长和死亡

藻类的生长和死亡过程受到多种因素的影响，如温度、pH、光照、营养物质等。藻类的地理分布主要受温度的影响，根据藻类生长地点温度的差异可分为冷水性藻、温水性藻和暖水性藻三种类型。槐店闸地处暖温带大陆性季风气候，较适合温水性和暖水性藻类的生长，温度过高或过低，会使得藻类生长缓慢或死亡。光照是藻类生长和死亡的又一重要因素，它决定了藻类的垂直分布情况，表层水体对光线的吸收能力很强，随着水深的增加，水体对光线的吸收逐渐减弱。适宜的光照对藻类的生长起着很好的促进作用，当光照强度较弱时，藻类就会出现死亡现象。水体的化学性质也是藻类生长的重要因素，当水体中营养物质浓度较高时，水体就会出现富营养化，藻类在富营养化水体中会大量生长，并时常形成水华。

3. 碳循环

碳循环是碳元素在二氧化碳-有机碳-碳酸盐系统中流动的过程，它是维系生物不可缺少的元素。水体中的碳主要来源于藻类等水生生物通过光合作用将大气中的二氧化碳固定，形成碳水化合物，除一部分用于新陈代谢外，其余的以脂肪和多糖的形式储藏起来，在系统中进行传递和循环。碳元素的排出主要通过呼吸作用、生物体及其残余物死亡后的分解，生物体通过呼吸作用将二氧化碳作为代谢产物排出体外，生物体及其残余物死亡后被分解，以二氧化碳和甲烷的形式被释放出来，另一部分生物体在适当的外界条件下会形成珊瑚礁等物质而将碳固定，沉积在水底。

4.氮循环

水体中氮循环是从藻类等水生生物对大气中无机氮的吸收或对水体中氨氮的吸收开始的。在这个过程中，细菌消耗部分氮用于自身的生长，同时通过氨化反应释放出氨氮。氨化反应释放出的氨氮或污染源产生的氨氮一方面可以被植物吸收，另一方面也可以在硝化细菌的作用下生成硝酸盐氮，硝酸盐氮最终在反硝化细菌的作用下，通过氮硝化反应转化为氮气。

5.磷循环

水体中磷元素的循环过程主要发生在溶解性磷、颗粒性磷和生物体之间，以有机磷和无机磷形式存在。水体中溶解性磷的主要来源包括有机磷通过有机物生物降解的释放，颗粒性磷通过解吸作用的释放，其消耗过程主要有两个方面：一方面被颗粒性磷通过吸附作用所吸附，被吸附的溶解性磷在沉降作用和再悬浮作用下，在悬浮相和底泥相之间发生转化，另一方面被水生植物生长摄取。

另外，由于模型中考虑了 COD、有机氮、总磷在多相态之间的转化，在 COD、有机氮、总磷指标的相态转化方面，做了如下处理：①根据吸附-解吸动力学原理，构建溶解相水质与悬浮相、底泥相水质之间的吸附和解吸传质过程表达式；②根据泥沙工程学原理，构建悬浮相水质与底泥相水质之间的沉降和再悬浮传质过程表达式；③水生生物生长-死亡过程描述方程的建立，主要考虑了藻类生长速率与水温、光照、营养盐浓度等环境因子之间的函数关系。在本节中，水温、光照条件均设定为实验同期的常规观测资料，而重点考虑水闸调度造成的流速变化及由此引起的溶解相 COD、氮、磷浓度变化对藻类生长过程的影响。

3.4.2 水质迁移转化基本方程

基本方程主要由描述水质迁移扩散作用的基本项和描述不同相态之间传质过程的转化项组成（窦明 等，2007；孙东坡，1999），各相水质的基本方程如下。

（1）溶解相方程：

$$\frac{dC_d}{dt} = N'_{bd} - N_{dw} - N_{db} - N_{de} + N'_{ed} - N_1 \qquad (3.18)$$

式中：C_d 为溶解相水质浓度，mg/L；N'_{bd} 为解吸作用下底泥相向溶解相的转化量，mg/(L·d)；N_{dw} 为吸附作用下溶解相向悬浮相的转化量，mg/(L·d)；N_{db} 为吸附作用下溶解相向底泥相的转化量，mg/(L·d)；N_{de} 为生物摄入作用下溶解相向生物相的转化量，mg/(L·d)；N'_{ed} 为生物死亡作用下生物相向溶解相的转化量，mg/(L·d)；N_1 为各种化学反应引起的物质损失量，$N_1 = K_1 C_d$，K_1 为溶解相水质的降解系数，1/d。

（2）悬浮相方程：

$$\frac{dC_w}{dt} = N_{dw} + N_{bw} - N'_{wb} - N_2 \tag{3.19}$$

式中：C_w 为悬浮相水质浓度，mg/L；N_{bw} 为再悬浮作用下底泥相向悬浮相的转化量，mg/（L·d）；N'_{wb} 为沉降作用下悬浮相向底泥相的转化量，mg/（L·d）；N_2 为各种化学反应引起的物质损失量，$N_2 = K_2 C_w$，K_2 为悬浮相水质的降解系数，1/d。

（3）底泥相方程：

$$\frac{dC_b}{dt} = N'_{wb} + N_{eb} + N_{db} - N_{bw} - N'_{bd} - N_3 \tag{3.20}$$

式中：C_b 为底泥相水质浓度，g/m^2，单位与溶解相水质浓度的单位 mg/L 不同。为了统一，根据林玉环（1985）对底泥相水质的监测方法，通过测得每平方米底泥的重量将 C_b 进行转换；N_{eb} 为生物死亡与沉降作用下生物相向底泥相的转化量，mg/（L·d）；N_3 为各种化学反应引起的物质损失量，$N_3 = K_3 C_b$，K_3 为底泥相水质的降解系数，1/d。

（4）生物相方程：

$$\frac{dC_e}{dt} = N_{de} - N_{eb} \tag{3.21}$$

式中：C_e 为生物相水质浓度，mg/L。

3.4.3 吸附-解吸过程描述方程

在水质多相转化基本方程中涉及吸附-解吸作用的一共有三项，即悬浮颗粒对溶解相的吸附量 N_{dw}，底泥对溶解相的吸附量 N_{db} 和解吸量 N'_{bd}。严格说，悬浮相水质在一定条件下也会发生解吸作用，但由于水体中悬浮颗粒含量不大且相对底泥相的解吸作用量级很小，一般忽略不计。为了描述吸附过程的转化量多少，相关研究（陈瑞生，1988）假设水体内颗粒均匀分布，颗粒的吸附量与其表面溶液中水质浓度和水体平均浓度之差成正比，即

$$N = K(C_0 - C) \tag{3.22}$$

式中：N 为单位体积、单位时间水质转化量，mg/（L·s）；K 为两种不同介质间的传质系数，1/s；C 为水体中水质平均浓度，mg/L；C_0 为颗粒表面溶液中水质浓度，mg/L。该值在现实中不易测定，根据 Freundlich 吸附等温式的构建原理，设定该值与颗粒相水质浓度呈非线性关系，即有 $C_0 = \gamma C_w^{\frac{1}{\tau}}$ 或 $C_0 = \gamma C_b^{\frac{1}{\tau}}$，$\gamma$、$\tau$ 为常数，与水温、污染物性质、浓度有关。

按照式（3.22）的基本原理，得到有关于吸附量的表达式：

$$N_{dw} = K_{xf}\left(\gamma C_w^{\frac{1}{\tau}} - C_d\right) \tag{3.23}$$

$$N_{db} = K_{xf}\left(\gamma C_b^{\frac{1}{\tau}} - C_d\right) \tag{3.24}$$

式中：K_{xf} 为吸附系数，1/s。

解吸是吸附的逆过程，也是在一定推力作用下使得固、液相间进行物质传递的过程，只是两者的推力正好相反，为此可参照式（3.25）的形式来描述解吸量，即

$$N'_{bd} = K_{jx}(C_b - C_d) \tag{3.25}$$

式中：K_{jx} 为解吸系数，1/s。

3.4.4 沉降-再悬浮过程描述方程

底泥相水质的迁移转化，与溶解相和悬浮相差别较大，因其附着在河底的泥沙颗粒上，主要受水流推移作用的影响，扩散作用不显著。在水质多相转化基本方程中涉及沉降-再悬浮作用的有两项：悬浮相的沉降量 N'_{wb} 和底泥相的再悬浮量 N_{bw}（柴蓓蓓，2012）。根据泥沙工程学原理，颗粒相水质的沉降与再悬浮是与水体中悬浮颗粒的运动联系在一起的，而悬浮颗粒的运动又与水流条件密切相关。如果上游来沙量大于该河段的挟沙能力就发生淤积，如果小于挟沙能力就发生冲刷。

当沉降作用占主导地位时（即水体流速 u 小于止动流速 u_z），悬浮颗粒的沉降量 G_{sd} 与沉降速度 ω、水体的系动特性（用饱和系数 α 表示）及水体含沙量 S 有关（孙东坡，1999），可表示为

$$G_{sd} = \alpha \omega S \tag{3.26}$$

式中：沉降速度 ω 在静水中主要与悬浮颗粒形状、粒径有关，而在动水中还与断面平均流速、含盐度及挟沙水流的密度增量等有关。

首先采用张瑞瑾沉速公式（李义天 等，2004）计算单颗粒泥沙的沉降速度 ω_0，再进一步考虑絮凝等作用，加入流速等水流条件对沉降作用的影响（陈瑞生，1988），得到悬浮颗粒的沉降速度公式：

$$\omega = ru^{-n}\omega_0 \tag{3.27}$$

式中：r、n 为常数。

此时，随着悬浮颗粒沉降的水质转化量有

$$N'_{wb} = G_{sd}C'_w = \alpha ru^{-n}\omega_0 C_w = K_w u^{-n} C_w \tag{3.28}$$

式中：C'_w 为悬浮相水质浓度换算为固相时的浓度，mg/kg，$C'_w = C_w/S$；K_w 为水流对沉降作用的综合影响系数，$K_w = \alpha r\omega_0$。

当再悬浮作用占主导时（即水体流速 u 大于扬动流速 u_b），底泥的再悬浮量与水流挟沙能力有关。采用张瑞瑾提出的水流挟沙力计算公式（李义天 等，2004）计算挟沙力 $S*$，再进一步求出由于再悬浮作用扬起的底泥含量 G_{su}，有

$$N'_{wb} = G_{sd}C'_w = \alpha ru^{-n}\omega_0 C_w = K_w u^{-n} C_w \tag{3.29}$$

式中：k、m 分别为常数，由实测资料得到。

设 $K_S = \dfrac{ak}{g^m R^m (r\omega_0)^{m-1}}$，$v = 3m + n(m-1)$，则式（3.29）就变为 $G_{su} = K_S u^v$。此时，

随着底泥再悬浮的水质含量有

$$N_s = G_{su}C_b = K_S u^v C_b \tag{3.30}$$

式中：K_S 为再悬浮系数；v 为常数。

3.4.5　水生生物生长–死亡过程描述方程

水体中氮、磷、碳等生源物质会被藻类吸收，作为维持自身生存繁衍的重要组分，同时藻类又会作为食物链的一个环节，被浮游动物、鱼类等摄入。为了描述这一传质过程，可运用水生生物生长动力学原理，来反映溶解相与生物相水质之间的传质过程。在水质多相转化基本方程中涉及水生生物作用的一共有两项，即生物相对溶解相的摄入量 N_{de}，生物相对底泥相的衰减量 N_{eb}，其计算公式如下：

$$N_{de} = G_P C_e \tag{3.31}$$

$$N_{eb} = \left(D_P + \frac{\omega_P}{H}\right)C_e + D_Z Z(t) \tag{3.32}$$

式中：G_P、D_P、ω_P 分别为水生生物的生长率、死亡率和沉降率，1/d；D_Z 为水生生物的被捕食率，1/d；$Z(t)$ 为捕食者的生物量浓度，mg/L。

以浮游植物为例，水环境中浮游植物生长动力学机制可描述为（夏军 等，2001b）

$$G_P = G_{max} \times G_T \times G_I \times G_N \tag{3.33}$$

式中：G_{max} 为浮游植物的最大生长率，1/d；G_T、G_I、G_N 分别为温度调节因子、光照衰减因子、营养限制因子，无量纲。其中，针对氮、磷等生源物质，G_N 受到溶解相水质浓度 C_d 的影响，可采用下式计算：

$$G_N = \min\left(\frac{C_{dN}}{K_{mN} + C_{dN}}, \frac{C_{dP}}{K_{mP} + C_{dP}}\right) \tag{3.34}$$

式中：C_{dP}、C_{dN} 分别为浮游植物生长所需的溶解相无机磷和无机氮的浓度，mg/L；K_{mN}、K_{mP} 分别为氮和磷的半速系数（即饱和生长率一半时的溶解相浓度），mg/L。

3.4.6　模型求解方法

对于水质模型的求解，ECO Lab 模块提供了三种求解方法，即欧拉积分法、四阶 Runge Kutta 法和五阶 Runge Kutta 质量控制法，其中四阶 Runge Kutta 法的计算精度通常高于欧拉积分法，而五阶 Runge Kutta 质量控制法的优点在于该方法在求解过程中同时估算每一时间步长的求解精度，如果精度不足将自动调整时间步长以满足精度要求。因此，选择五阶 Runge Kutta 质量控制法对水质多相转化模型进行求解。五阶 Runge Kutta 质量控制法公式为

$$y_{n+1} = f[y_n, f(y_n, x_n), x_n, h, \varepsilon, \text{yscale}] \tag{3.35}$$

求解过程如下。

首先，分别计算两次半时间步长的值：

$$h_2 = 0.5 \cdot h \qquad (3.36)$$

$$x_{n+0.5} = x_n + h_2 \qquad (3.37)$$

$$y_2 = 4rk[y_n, f(y_n, x_n), x_n, h_2] \qquad (3.38)$$

$$y_2' = 4rk[y_2, f(y_2, x_{n+0.5}), x_{n+0.5}, h_2] \qquad (3.39)$$

然后，与一个时间步长的结果进行比较：

$$y_1 = 4rk[y_n, f(y_n, x_n), x_n, h] \qquad (3.40)$$

其误差为

$$Y = y_2' - y_1 \qquad (3.41)$$

$$err = \max[ABS(Y / yscale)] / \varepsilon \qquad (3.42)$$

如果误差较小（err≤1.0），则函数返回

$$y_{n+1} = y_2' + y_1 / 15 \qquad (3.43)$$

从而得到从 x_n 到 $x_{n+1} = x_n + h$ 对应 y 的解。否则，减小时间步长再次计算。

3.4.7　输入条件设置

边界条件的输入取自实验监测闸上 I 断面的 COD、DO、NH_3-N、NO_3-N、ON、TP 的浓度值，其中 COD、ON、TP 同时考虑了在溶解相、悬浮相、底泥相、生物相的浓度分布。因为 PYT 监测只在闸上和闸下进行，所以 PYT 取闸上的监测数据作为模型边界的输入条件。

3.5　模型参数率定和验证

为了确定参数对模拟水体的适用性，水质模型在使用前需进行率定和验证。本节以 2013 年 4 月的第三次实验数据来率定模型参数，以 2014 年 11 月第四次实验数据对其进行验证。水动力学模型和水质多相转化模型在模拟时需输入相应的初始条件和边界条件。水动力学模型的上边界条件为实验期 I 断面实测流量资料序列，下边界条件为实验期 VII 断面实测水位资料序列。水质多相转化模型的上边界条件为实验期 I 断面实测溶解相水质浓度资料序列。初始条件为各监测断面的溶解相、悬浮相和底泥相水质浓度。

3.5.1　水动力学模型参数率定与验证结果分析

考虑水闸调控作用的水动力模型的参数率定，通过调整阻力系数和河底粗糙度来拟

合断面水位和流量。根据水闸上、下游断面的实测水文资料，选取不同的出流和入流阻力系数、不同的糙率，来拟合水闸上、下游断面的水位和流量。经调试，当入流和出流阻力系数分别为 0.5 和 1、糙率为 0.031 时，拟合结果较理想。水位和流量的参数率定及模型验证结果如图 3.11 所示。

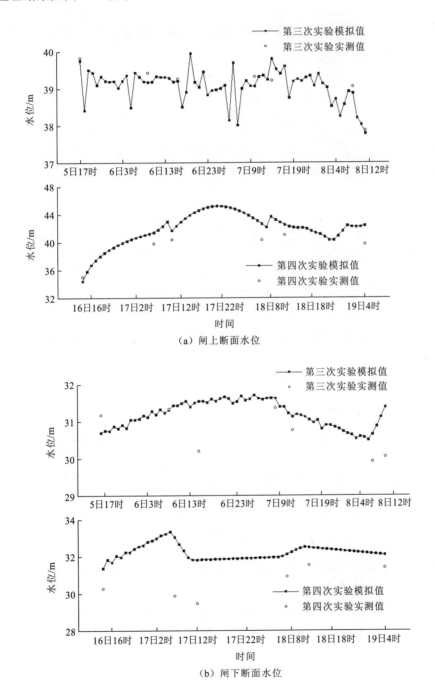

（a）闸上断面水位

（b）闸下断面水位

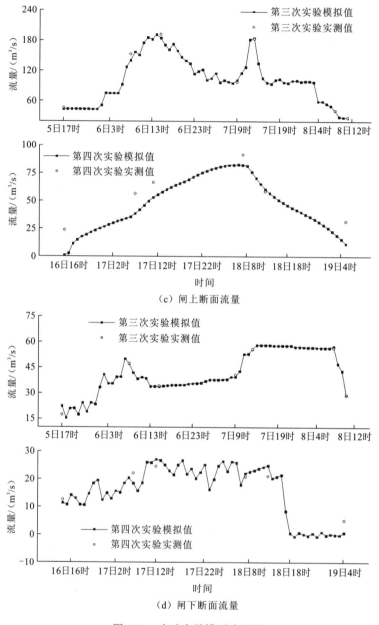

（c）闸上断面流量

（d）闸下断面流量

图 3.11　水动力学模型验证图

根据参数率定和模型验证结果，进一步对模型的率定精度进行评定。其中水闸上游 IV 断面水位的纳西效率系数为 0.76，最大相对误差为 6.67%，平均相对误差为 3.72%；水闸下游 VI 断面水位的纳西效率系数为 0.94，最大相对误差为 10.58%，平均相对误差为 5.15%。水闸上游 IV 断面流量的纳西效率系数为 0.99，最大相对误差为 10.14%，平均相对误差为 6.51%；水闸下游 VI 断面流量的纳西效率系数为 0.98，最大相对误差为 93.12%，平均相对误差为 1.55%。综上所述，模型模拟精度较高。

3.5.2　水质多相转化模型参数率定与验证结果分析

由于水质多相转化模型中参数较多，而单一率定起来比较烦琐，针对这一问题，本小节主要从以下方面对参数进行处理：首先，根据参数对模型的敏感程度对参数进行分类，敏感性参数包括大气复氧系数（teta_r）、吸附速率（k_{xf}）、解吸速率（k_{jx}）、有机质沉降速率（k_w）、有机质再悬浮速率（k_S）、矿化速率（Ml_{Rt}）、反硝化速率（Df_{Rt}）等；不敏感性参数包括光合作用最大产氧量（P_{max}）、半饱和氧浓度（mdo）等。然后，通过查阅文献确定参数的初始值（卫志宏 等，2013；杨扬 等，2012；彭虹 等，2002；夏军 等，2001b），对敏感性参数，不断调整每一个参数值，将指定水质相的每一次模拟结果与实测结果进行对比，确定每一个敏感性参数的取值；不敏感性参数则维持初始值不变。最后，将敏感性参数作为一个整体，统一调整参数的取值，对结果进行模拟，使模拟结果整体拟合效果达到最优。以第三次实验闸上 IV 断面和闸下 VI 断面的实测数据对参数进行率定，以第四次实验闸上 IV 断面和闸下 VI 断面的实测数据对模型进行验证，模型率定后的参数值如表 3.13 所示。

表 3.13　水质多相转化模型中的参数项

符号	含义	单位	数值	符号		含义	单位	数值
teta_r	大气复氧系数	—	0.67		K_{1COD}	溶解相 COD 降解系数	1/d	0.25
pro2	呼吸作用的产出量	—	1	K_1	K_{1TP}	溶解相 TP 降解系数	1/d	0.25
P_{max}	光合作用最大产氧量	1/d	3.5		K_{1ON}	溶解相 ON 降解系数	1/d	0.25
mdo	半饱和氧浓度	mg/L	2		K_{2COD}	悬浮相 COD 降解系数	1/d	0.1
D_P	浮游植物死亡率	1/d	0.099	K_2	K_{2TP}	悬浮相 TP 降解系数	1/d	0.2
G_P	浮游植物的生长率	1/d	0.1		K_{2ON}	悬浮相 ON 降解系数	1/d	0.15
C_{dN}	浮游植物生长的氮浓度	mg/L	0.2		K_{3COD}	底泥相 COD 降解系数	1/d	0.3
K_{mN}	氮的半速系数	—	0.05	K_3	K_{3TP}	底泥相 TP 降解系数	1/d	0.1
C_{dp}	浮游植物生长的磷浓度	mg/L	0.02		K_{3ON}	底泥相 ON 降解系数	1/d	0.15
K_{mp}	磷的半速系数	—	0.15		K_{jxCOD}	COD 解吸系数	1/d	0.000 15
D_Z	水生生物被捕食率	1/d	0.015	K_{jx}	K_{jxTP}	TP 解吸系数	1/d	0.000 15
a_{NC}	藻类的氮碳比	—	0.09		K_{jxON}	ON 解吸系数	1/d	0.000 46
a_{PC}	藻类的磷碳比	—	0.012		K_{xfCOD}	COD 吸附速率	1/d	0.031
G_{max}	浮游植物最大生长率	1/d	2.5	K_{xf}	K_{xfTP}	TP 吸附速率	1/d	0.000 1
$Z(t)$	捕食者生物量浓度	mg/L	0.24		K_{xfON}	ON 吸附速率	1/d	0.000 12
Am_{PU}	植物摄取氨氮	—	0.066		k_w	有机质沉淀速率	m/d	0.1
U_{COD}	植物生长吸收的 COD 量	—	0.02		k_S	有机质再悬浮速率	g/（m²/d）	1

符号	含义	单位	数值	符号	含义	单位	数值
U_{TP}	光合作用所需磷量	gP/gO_2	0.091	U_{crit}	临界流速	m/s	0.2
U_{NR}	光合作用所需硝酸盐量	gNO_3^-/gO_2	0.066	Ni_{DO}	硝化作用需氧量	gO_2/gHN_4	4.47
Df_{Rt}	反硝化速率	1/d	4	Ni_{Rt}	氨氮的衰减率	1/d	1.54
Ml_{Rt}	矿化速率	1/d	0.46	HS_Am	氨氮半饱和常数	mg/L	0.05

在模型率定的基础上，进一步对模型的率定精度进行评定，水闸上游 IV 断面溶解相 COD 的最大相对误差为 17.16%，平均相对误差为 3.92%；水闸下游 VI 断面溶解相 COD 的最大相对误差为 11.90%，平均相对误差为 9.20%。水闸上游 IV 断面溶解相 ON 的最大相对误差为 3.66%，平均相对误差为 2.76%；水闸下游 VI 断面溶解相 ON 的最大相对误差为 4.00%，平均相对误差为 2.42%。水闸上游 IV 断面溶解相 TP 的最大相对误差为 15.14%，平均相对误差为 7.04%；水闸下游 VI 断面溶解相 TP 的最大相对误差为 18.02%，平均相对误差为 8.60%。水闸上游 IV 断面悬浮相 COD 的最大相对误差为 19.38%，平均相对误差为 11.78%；水闸上游 IV 断面悬浮相 ON 的最大相对误差为 47.65%，平均相对误差为 22.12%；水闸上游 IV 断面悬浮相 TP 的最大相对误差为 48.36%，平均相对误差为 36.82%。水闸上游 IV 断面藻类的最大相对误差为 32.90%，平均相对误差为 16.16%；水闸下游 VI 断面藻类的最大相对误差为 19.92%，平均相对误差为 13.07%。综上所述，模型模拟精度较高。

在上述参数率定的基础上，采用水闸调度实验数据，从溶解相、悬浮相和生物相三个相态对水质模型进行检验，检验结果如图 3.12 至图 3.14 所示。从这三幅图中可以看出，模型计算的水质成果与实测水质变化趋势吻合较好。

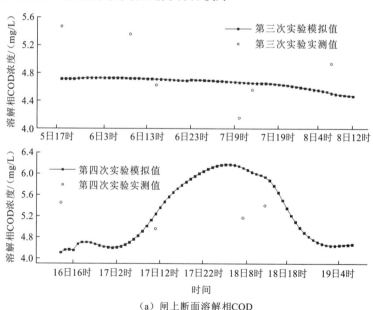

（a）闸上断面溶解相 COD

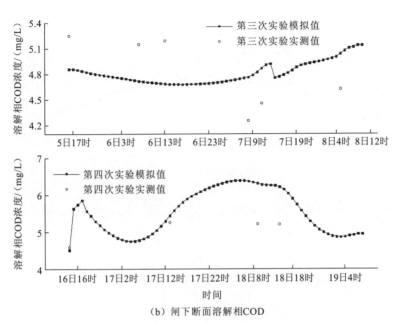

（b）闸下断面溶解相COD

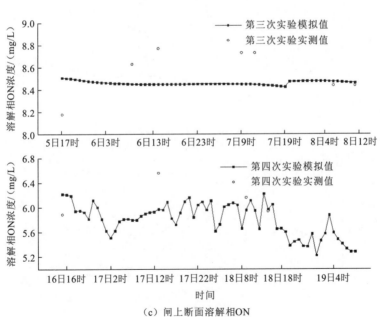

（c）闸上断面溶解相ON

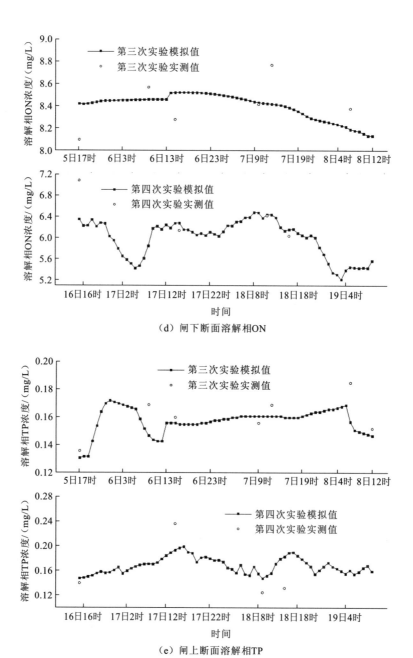

（d）闸下断面溶解相ON

（e）闸上断面溶解相TP

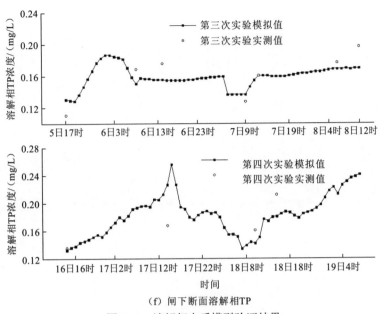

（f）闸下断面溶解相TP

图 3.12　溶解相水质模型验证结果

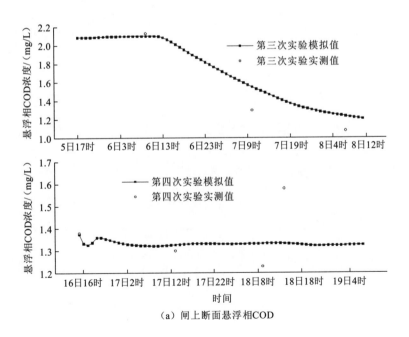

（a）闸上断面悬浮相COD

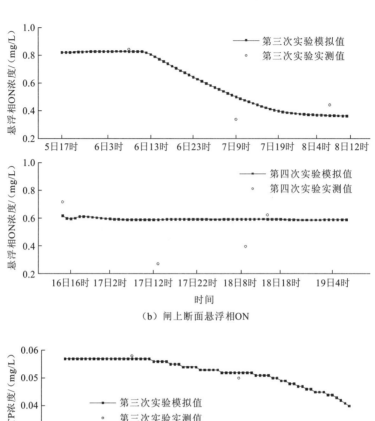

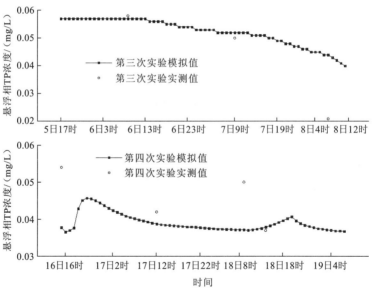

（b）闸上断面悬浮相ON

（c）闸上断面悬浮相TP

图 3.13　悬浮相水质模型验证结果

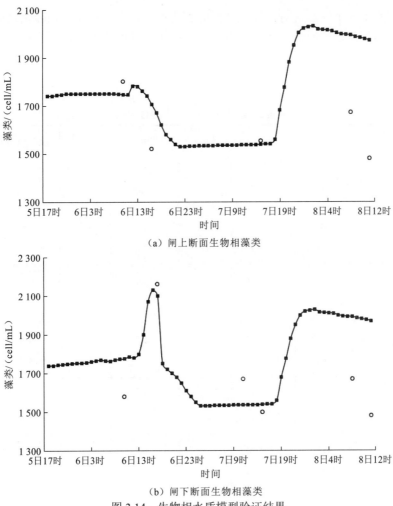

（a）闸上断面生物相藻类

（b）闸下断面生物相藻类

图 3.14　生物相水质模型验证结果

3.6　参数敏感性分析

参数敏感性分析对水文水质综合模型的构建及推广应用具有重要的意义，水质多相转化模型机理复杂，参数的直接获取和确定工作量庞大，在不同地区应用时同一参数的影响水平也会不同，且参数的不确定性会显著影响输出结果（窦明 等，2002；Reda et al.，1999；Straten，1998）。另外，参数的准确性是影响模型可靠运行及模拟结果真实可信的重要因素，故参数敏感性分析、参数的识别和率定是水质模型研究及应用的关键（邓义祥 等，2008）。对模型参数的敏感性进行识别和分析，进而重点对模型的敏感参数进行敏感性分析，是确定模型关键参数、控制模型效率非常有效的途径。

利用水闸调度综合影响实验的水质资料，运行构建的水动力水质耦合模型，取参数的初始值作为基准，对模型主要参数的敏感性进行检验分析。在其他一切参数固定的条件下，改变其中一个参数，对比模拟结果的变化程度。由于水质多相转化模型的参数较多，对每一参数都进行检验，很复杂也无此必要，只考虑起主要作用的 20 个反应参数，对所取定的参数逐一进行模拟计算，得到的结果很好地说明了各参数对模拟运行性能的贡献，如表 3.14 所示。

表 3.14　模型参数的敏感性分析

参数	变化趋势	藻类/ (cell/mL)	变化率/%	溶解氧/ (mg/L)	变化率/%	溶解相 COD/ (mg/L)	变化率/%
基准值（4 月 5 日）		1 566.55		7.56		4.57	
复氧系数	增大	1 563.29	-0.21	8.51	12.57	4.49	-1.75
	减小	1 563.29	-0.21	7.57	0.13	4.49	-1.75
光合作用最大产氧量	增大	1 640.75	4.74	7.88	4.23	4.67	2.19
	减小	1 563.29	-0.21	7.52	-0.53	4.49	-1.75
内源呼吸率	增大	1 553.78	-0.82	7.32	-3.17	4.49	-1.75
	减小	1 786.52	14.06	7.91	4.63	4.48	-1.97
半饱和氧浓度	增大	1 563.29	-0.21	7.95	5.16	4.51	-1.31
	减小	1 563.29	-0.21	7.86	3.97	4.48	-1.97
生长速率	增大	1 694.28	8.15	7.43	-1.72	4.60	0.66
	减小	1 563.29	-0.21	7.43	-1.72	4.60	0.66
死亡速率	增大	1 563.29	-0.21	7.67	1.46	4.60	0.66
	减小	1 652.99	5.52	7.28	-3.70	4.61	0.88
生长需氮浓度	增大	1 563.29	-0.21	7.43	-1.72	4.60	0.66
	减小	1 563.29	-0.21	7.43	-1.72	4.60	0.66
光合作用植物需硝酸盐量	增大	1 563.29	-0.21	7.73	2.25	4.60	0.66
	减小	1 563.29	-0.21	7.73	2.25	4.60	0.66
参数	变化趋势	溶解相 COD/ (mg/L)	变化率/%	悬浮相 COD/ (mg/L)	变化率/%	底泥相 COD/ (mg/L)	变化率/%
基准值（4 月 5 日）		4.47		2.75		2.46	
吸附系数	增大	3.94	-11.86	2.75	0.00	2.57	4.47
	减小	4.49	0.22	2.74	-0.36	2.54	3.25

续表

参数	变化趋势	溶解相 COD /（mg/L）	变化率 /%	悬浮相 COD /（mg/L）	变化率 /%	底泥相 COD /（mg/L）	变化率 /%
解吸系数	增大	5.21	16.56	2.75	0.00	2.38	-2.85
	减小	4.46	-2.11	2.75	0.00	2.53	2.85
沉降速率	增大	4.49	0.45	2.74	-0.36	2.53	2.85
	减小	4.49	0.45	2.75	0.00	2.53	2.85
再悬浮速率	增大	4.49	0.45	2.75	0.00	2.53	2.85
	减小	4.49	0.45	2.74	-0.36	2.53	2.85
临界流速	增大	4.49	0.45	2.66	-3.27	2.54	3.25
	减小	4.49	0.45	2.65	-3.64	2.54	3.25
底泥相降解速率	增大	4.47	0.00	2.75	0.00	0.45	-0.41
	减小	4.63	3.58	2.75	0.00	4.72	10.57
底泥相降解温度系数	增大	4.70	5.15	2.75	0.00	6.53	10.98
	减小	4.59	2.68	2.76	0.36	3.34	-4.88

参数	变化趋势	氨氮 /（mg/L）	变化率 /%	硝酸盐氮 /（mg/L）	变化率 /%	有机氮 /（mg/L）	变化率 /%
基准值（4月5日）		2.65		2.44		8.45	
硝化作用温度系数	增大	2.75	3.77	2.86	8.33	8.47	0.24
	减小	2.60	-1.89	2.99	13.26	8.29	-1.89
反硝化速率	增大	2.68	1.13	2.44	-1.32	8.47	0.24
	减小	2.62	-1.13	2.69	1.89	8.47	0.24
反硝化作用温度系数	增大	2.68	1.13	2.71	2.65	8.47	0.24
	减小	2.68	1.13	1.94	-7.58	8.47	0.24
矿化速率	增大	2.76	4.15	2.83	7.20	7.21	-14.67
	减小	2.63	-0.75	2.42	-8.82	7.35	-13.02
矿化作用温度系数	增大	2.71	2.26	2.79	5.68	7.74	-8.40
	减小	2.57	-3.02	2.43	-7.20	7.21	-14.67

由表 3.14 可知,藻类生长最敏感的参数是内源呼吸率,内源呼吸率的增大对藻类生长起到了抑制作用,内源呼吸率的增大和减小使藻类数量的变化率分别达到了-0.82%和14.06%;另外藻类内源呼吸率的增大还造成水体有机物浓度增加,耗氧作用增强,从而导致溶解氧浓度减小。藻类生长比较敏感的参数是生长速率和死亡速率,它们增大和减小使藻类数量的变化率分别达到了 8.15%、-0.21%,-0.21%、5.52%,它们对藻类的生长都起到了不可忽视的作用。溶解氧浓度变化最敏感的参数是复氧系数,其增大和减小使溶解氧浓度变化率在 0.13%~12.57%波动;溶解氧浓度变化比较敏感的参数是光合作用最大产氧量、内源呼吸率、半饱和氧浓度,它们使溶解氧浓度变化率分别在-0.53%~4.23%、-3.17%~4.63%、3.97%~5.16%波动。光合作用最大产氧量对水体中 COD 影响最大,其增大和减小使 COD 浓度变化率在-1.75%~2.19%波动,同时耗氧过程需要利用溶解氧进行氧化反应,这也引起溶解氧浓度的变化。

在碳循环中,溶解相 COD 浓度变化最敏感的参数是吸附系数和解吸系数,它们增大和减小使溶解相 COD 浓度变化率分别在-11.86%~0.22%、-2.11%~16.56%波动。但此时悬浮相 COD 浓度基本上没有变化,而底泥相 COD 浓度变化较为明显,变化率波动范围分别为 3.25%~4.47%、-2.85%~2.85%,说明吸附和解吸作用发生在溶解相和底泥相之间。溶解相 COD 浓度变化比较敏感的参数是底泥相降解速率和底泥相降解温度系数,它们的增大和减小使溶解相 COD 浓度变化率分别在 0~3.58%、2.68%~5.15%波动;底泥相降解速率变大,使得底泥相浓度减小,底泥相向溶解相转化量减小。底泥相 COD浓度变化率在底泥相降解速率和底泥相降解温度系数的作用下分别在-0.41%~10.57%、-4.88%~10.98%波动,是底泥相 COD 浓度变化最敏感的参数。

在氮循环中,氨氮浓度变化最敏感的参数是硝化作用温度系数,其增大和减小使氨氮浓度变化率在-1.89%~3.77%波动,硝酸盐氮浓度变化率在 8.33%~13.26%波动,说明硝化系数受温度影响比较敏感,故在计算硝化反应时应考虑温度因子的存在。氨氮浓度变化比较敏感的参数是矿化速率和矿化作用温度系数,当它们增大时,氨氮浓度分别增加 4.15%和2.26%,硝酸盐氮浓度增加 7.20%和5.68%;当它们减小时,氨氮浓度减少0.75%和3.02%,硝酸盐氮浓度减少 8.82%和7.20%。同时矿化作用温度系数对有机氮浓度变化的影响最敏感,其增大和减小使有机氮浓度变化率在-14.67%~-8.40%波动。

此外其余参数的敏感性不强,在参数率定时先不考虑,故在参数敏感性分析的基础上,本节将试算法与最优化估值相结合,选取较敏感的水质参数进行识别,如复氧系数、耗氧系数、硝化系数、矿化系数和内源呼吸率。识别参数的主要思想是先参考模型提供的各参数项的初始值代入模型试算,并做相应调试,在灵敏度分析的基础上,最后选用综合的参数优化方法进行水质系统识别,其流程图如图 3.15 所示。

在调度实验中,主要考虑了污染物在水体中迁移、扩散、吸附、解吸、沉降、再悬浮、植物摄入和死亡分解等过程。在污染物的迁移、转化和累积过程中,除考虑分子的扩散和湍流扩散作用外,还需考虑剪切流造成类似分子扩散的弥散作用。在天然河流中,

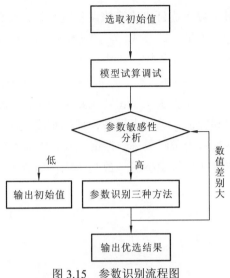

图 3.15　参数识别流程图

分子扩散系数的数量级为 $10^{-5}\sim10^{-4}$ m²/s，湍流扩散系数的数量级为 $10^{-2}\sim10^{-1}$ m²/s，而弥散系数的数量级为 $10\sim10^{3}$ m²/s，因此在河流水质模型中分子扩散及湍流扩散的影响一般可以忽略。

对于吸附系数和解吸系数、沉降系数和再悬浮系数、水生植物生长对营养物质摄入率和死亡分解率，研究团队先后开展了两次水闸调度实验，第一次于 2013 年 4 月上旬进行了每天 2 次、连续 4 d 的监测；第二次于 2014 年 11 月下旬进行了每天 2 次、连续 4 d 的监测。而在利用这些数据对参数进行识别和模型验证的过程中，遇到了以下困难：①由于监测数据时间序列很短，初始状态对模拟结果的影响大；②实验时水流流速较慢，从上一监测断面到达下一监测断面的时间略长，小于监测时船行的速度，监测时间间隔不好控制。因此，本节将两次实验数据联系起来，利用两次监测数据的连续序列，计算吸附系数、解吸系数、沉降系数、再悬浮系数。同时假设河流在每一个断面上观测值的时间序列能够代表较长时期的水质统计关系，也就是说在统计意义上已有的观测数据反映了断面水质较长时期内的平均情况。

为了更准确地确定参数的取值，在实测数据的基础上，利用构建的水质模型，确定模型运行过程中污染物的入河系数、河道内污染物的降解系数；基于给定的初始参数值和输入的数据进行水质模拟，将模拟结果与断面实测污染物浓度、水质类型进行对比分析，反馈给初始参数，经过多次反馈调整与模拟迭代，直到模拟结果与实测结果相吻合，参数调试结束。将两种方法确定的参数值进行对比，优选最佳参数。

3.7　小　　结

本章在选取研究对象及对闸控河段概化的基础上，于 2013 年 4 月和 2014 年 11 月在闸控河段开展了两次闸坝调控影响实验，通过对五种过闸流量计算公式进行对比分析发现，槐店闸过闸流量运用对数函数公式计算的误差较小且拟合效果较好，同时采用分段函数形式来表达槐店闸过闸流量系数公式。为了描述水质在水体-悬浮物-底泥-藻类界面内的转化过程和分布规律，考虑在闸控河段内以不同形态进行相互转化，依据水质迁移转化基本方程、吸附-解吸过程描述方程、沉降-再悬浮过程描述方程、水生生物生长-死亡过程描述方程构建了闸控河流水质多相转化数学模型，在建立模型求解方法的基础上对模型参数进行了率定和验证，总体上模型模拟的精度较高；通过模型参数敏感性可知，藻类生长最敏感的参数是内源呼吸率，溶解相 COD 浓度变化最敏感的参数是吸附系数和解吸系数，氨氮浓度变化最敏感的参数是硝化作用温度系数。

第 **4** 章

闸控河流水质多相转化规律分析

  本章将运用构建的考虑水闸调度的水质多相转化模型，对闸控河段水质多相转化规律进行分析。首先，根据实验所设置的闸门调度方式，对实验期水质浓度变化进行模拟分析，并验证实验监测结果的准确性，为模拟分析提供参考；其次，设置相同开度不同开启个数和相同开启个数不同开度两种情景，模拟分析闸门调度方式对水质多相转化的影响；再次，在对水质多相转化模拟的基础上，计算水闸调度在水质多相转化过程中的贡献率大小；最后，设置无闸情景及一系列的闸门开启高度，通过对模拟结果的对比分析，指出不同开启高度下的主导反应机制。

4.1 基于现场调度实验模拟结果分析

对水质浓度进行时空上的模拟,能很好地了解污染物随水流和时间的迁移转化过程。在模型构建和验证的基础上,对实验期间污染物浓度随时间和流速的变化进行模拟,分析闸上、闸下不同断面污染物浓度的变化情况。在对闸上、闸下断面各相态水质浓度模拟过程中,对于不考虑多相转化的物质(DO、NH₃-N、NO₃-N),只分析其浓度随时间的变化;对于考虑多相转化的污染物质(COD、TP、ON),在分析浓度随时间变化的基础上,增加了模拟断面流速对水质浓度变化的影响分析。藻类作为与各物质关系密切的物质,做单独的处理分析。

4.1.1 不考虑水质多相转化机制的水质模拟结果

水体中 DO 浓度变化如图 4.1 (a)(b)所示。对于闸上断面,DO 浓度变化呈现先减小后增加,然后再减小的趋势;闸下断面 DO 浓度变化呈现先减小后增加的趋势。DO 浓度在水体中的变化受到两种作用的影响:一种是使 DO 浓度下降的耗氧作用,包括溶解相、悬浮相和底泥相的降解耗氧、生物呼吸耗氧和硝化作用耗氧等;另一种是使 DO 浓度增加的复氧作用,主要包括空气中氧的溶解、水生植物的光合作用等。对于闸上断面,前期闸门开度变大,DO 浓度减小,说明此时水体中耗氧作用大于复氧作用。

对于闸上断面,闸门开度变大,下泄水流增大,闸上断面水量减小,水面面积缩小,与空气的接触面积减小,复氧作用减弱;同时水位降低,增加了底层水体中氧的浓度,底泥降解加快,硝化作用增强,耗氧增多。随着闸门开度的减小,闸上断面水体中 DO 浓度开始上升,说明此时复氧作用增强,耗氧作用减弱;这是因为闸门开度减小,闸前水位上升,水面面积增大,增加了水体与空气中氧的交换,同时各相态物质的降解作用减弱,减少了对氧的消耗。最后闸门关闭,DO 浓度迅速下降,这是因为闸门关闭,生物相全部聚集在闸上断面,生物呼吸耗氧迅速增加,导致 DO 浓度迅速下降。对于闸下断面,前期闸门大流量下泄,水体中一些动植物随水流进入下游水体,增加了水体的耗氧,同时下泄水流还增加了底泥相的冲刷,增加了底泥相中生物的活性,生物分解作用增强,增加了耗氧。虽然水流下泄增加了大气复氧作用,但整体来说,复氧作用小于耗氧作用,水体中 DO 浓度减小。随着闸门开度的减小,生物呼吸作用和各相态降解耗氧均减弱,使得水体中 DO 浓度增加。

由图 4.1 (c)~(f)可知,水体中氨氮和硝酸盐氮之间存在相互转化的关系,氨氮和硝酸盐氮浓度的变化呈现出相反的趋势。闸上氨氮浓度呈现明显增加趋势,硝酸盐氮浓度变化恰恰相反;闸下氨氮浓度开始略有下降,然后开始增加,但增加缓慢,而硝酸盐氮浓度开始明显下降,后迅速上升,在 2013 年 4 月 7 日 14 时和 19 时之间突然下降。对比闸上氨氮和硝酸盐氮的模拟图[图 4.1 (c)和(e)]发现,前期氨氮浓度略有下降,硝酸盐氮浓度上升明显,这是由于前期闸门开度较大,闸前水位降低,水体底层 DO 浓度增加,硝化作用增强,氨氮向硝酸盐氮的转化增强,而两者转化浓度变化不等,说

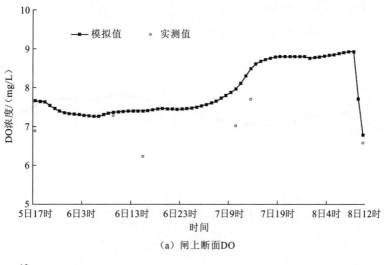

（a）闸上断面 DO

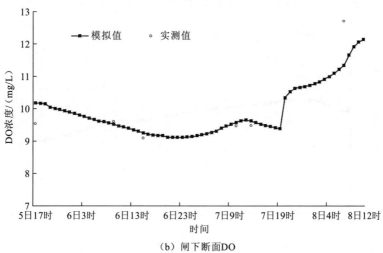

（b）闸下断面 DO

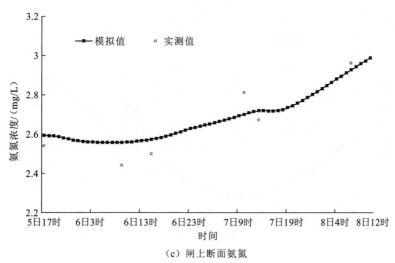

（c）闸上断面氨氮

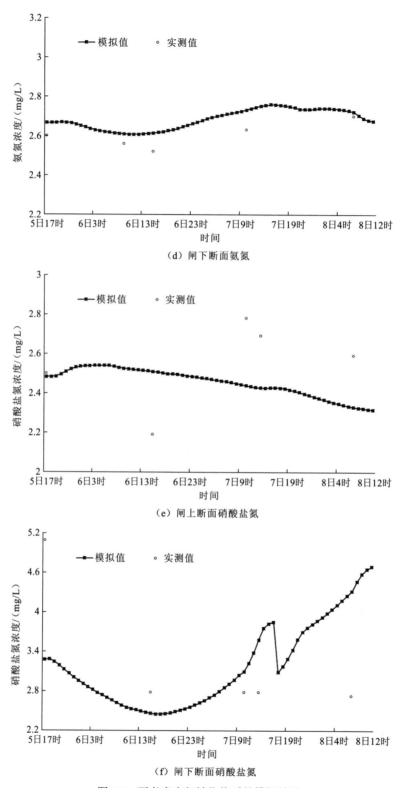

（d）闸下断面氨氮

（e）闸上断面硝酸盐氮

（f）闸下断面硝酸盐氮

图4.1　不考虑多相转化物质的模拟结果

明此时水体中的矿化作用也得到了一定的增强，有机氮向氨氮的转化增强。随着闸门开度的减小，氨氮浓度明显上升，硝酸盐氮浓度明显下降，此时反硝化作用明显大于硝化作用。闸下氨氮和硝酸盐氮浓度在 6 日 18 时以前均呈下降趋势，可见此时它们浓度的变化不单单受反硝化作用的影响，还受其他方面的影响。在此期间，藻类迅速生长需要大量的氮元素，在两者作用下硝酸盐氮迅速下降，而氨氮下降缓慢；随后藻类死亡率增大且闸门开度和下泄流量减小，而氨氮浓度增加缓慢，硝酸盐氮浓度却快速增加，说明此时硝化作用能力明显大于反硝化作用；此时闸下 DO 浓度较高，硝化细菌数量增多，也在一定程度上加快了硝化作用的反应过程。

4.1.2　考虑水质多相转化机制的水质模拟结果

1.溶解相物质模拟结果

考虑水质多相转化机制的溶解相物质模拟结果如图 4.2 所示。

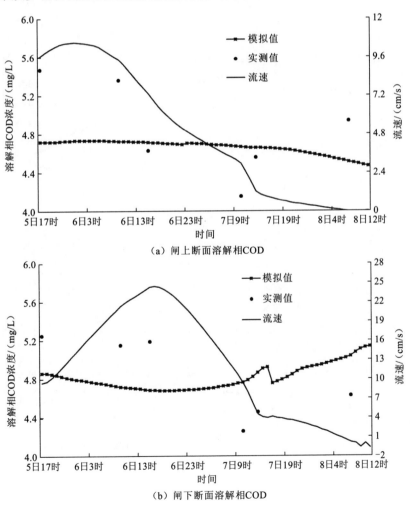

（a）闸上断面溶解相COD

（b）闸下断面溶解相COD

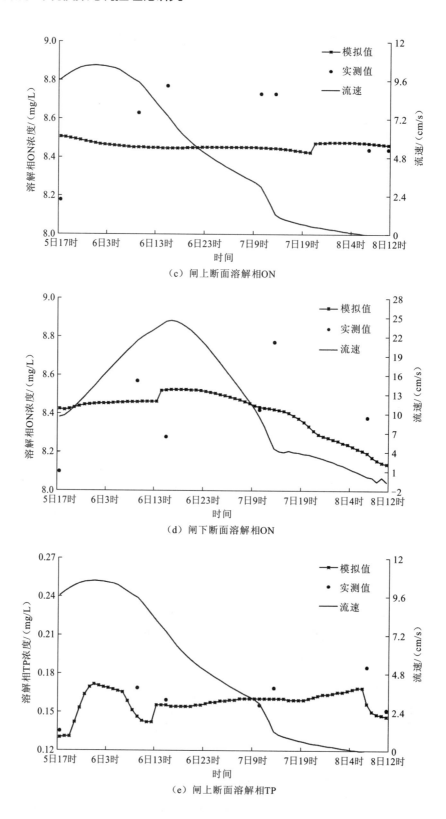

（c）闸上断面溶解相ON

（d）闸下断面溶解相ON

（e）闸上断面溶解相TP

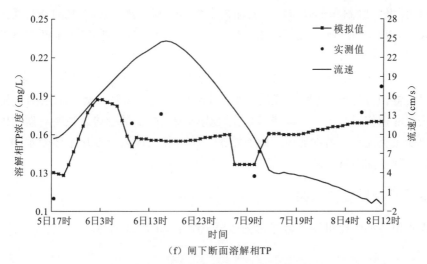

（f）闸下断面溶解相TP

图 4.2　考虑多相转化溶解相物质的模拟结果

　　由图 4.2（a）和（b）可知，整体上闸上溶解相 COD 浓度呈下降趋势，闸下溶解相 COD 浓度先降低后逐渐增加。对于闸上溶解相 COD，其浓度变化与流速变化有着密切的关系，前期水流较大，一定程度上增强了河道的自净能力，而此时悬浮相和底泥相的解吸作用也较强，故溶解相 COD 浓度基本不变；随着流速的减小，溶解相 COD 的降解和吸附作用增强，溶解相 COD 浓度开始下降。对于闸下溶解相 COD，闸门下泄，对下游水体造成扰动，溶解相 COD 浓度理应增加，但模拟曲线却呈现先减后增的趋势，说明此时底泥相 COD 的解吸作用不明显；藻类数量在 6 日 11 时和 7 日 16 时迅速增加，这两个时刻 COD 浓度均在减少，说明此时藻类光合作用产碳不能满足生长需要，需从水体中吸收一部分碳，其他时刻藻类数量减少，死亡分解增加了水体中的 COD 浓度，所以闸下 COD 浓度前期主要受藻类生长的影响，后期藻类死亡率增大，其浓度变化主要受藻类死亡的影响。

　　由图 4.2（c）和（d）可知，溶解相 ON 浓度整体上呈下降趋势，其浓度变化与流速变化有着密切的关系。前期溶解相 ON 浓度与溶解相 COD 受到的作用差不多，均与流速有很大的关系。但溶解相 ON 浓度却下降明显，这是因为溶解相 ON 浓度变化还受矿化作用的影响。随着流速的减小，溶解相 ON 的降解和吸附作用增强，其浓度开始下降。根据闸下溶解相 ON 浓度模拟结果可知，前期溶解相 ON 浓度缓慢增加，然后迅速下降，造成这种变化的原因可能是前期闸门开度较大，下泄流量较大，底泥相 ON 解吸作用明显，同时溶解相 ON 的矿化作用也相对明显，两者相互作用，使得溶解相 ON 浓度增加缓慢。随着开度的减小，下泄流量减小，底泥相 ON 解吸作用减弱，吸附作用增强，导致溶解相 ON 迅速下降。可见，溶解相 ON 浓度受闸门开度和矿化作用的影响。

　　由图 4.2（e）和（f）可知，溶解相 TP 浓度在各种作用下变化幅度较大，整体呈上升趋势，但存在浓度突变点，分别在 6 日 3 时达到最大值 0.187 mg/L，7 日 9 时达到最小值 0.137 mg/L。从闸上溶解相 TP 模拟结果来看，前期流速起伏变化，不仅影响了溶解相 TP 的降解、吸附和解吸作用，还加快了水体中其他物质（如 BOD）对磷元素的释放；在 8 日 8 时左右，闸门关闭，水流静止，吸附作用增强，同时闸上断面藻类数量维持较高水平（2 000 cell/mL），对磷的吸收量增多，溶解相 TP 浓度开始下降。对于闸下溶解相 TP，前期闸门大开度下泄对底泥造成冲刷，溶解相 TP 浓度增加；中期处于平稳，说明此时溶解相自身降解、底泥解吸与蓝藻生长吸收达到相对平衡；后期闸门开度减小，水流对底泥冲刷作用减小，而藻类数量呈现先增加后减少的趋势，说明后期 TP 浓度的变化主要受藻类死亡分解的影响，略有增加。溶解相 TP 浓度变化主要受水动力条件和藻类生长、死亡的多重影响。

2.悬浮相物质模拟结果

考虑水质多相转化机制的悬浮相物质模拟结果如图 4.3 所示。

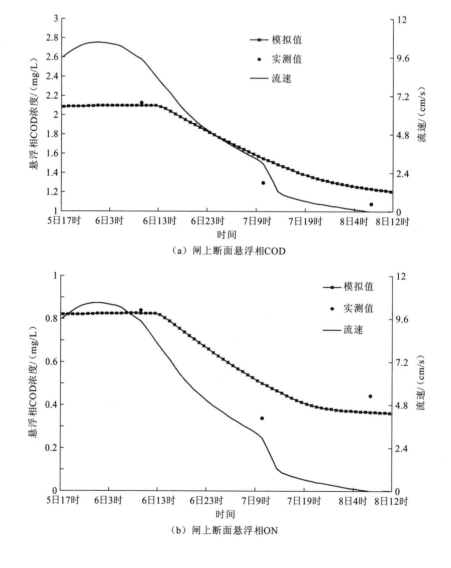

（a）闸上断面悬浮相COD

（b）闸上断面悬浮相ON

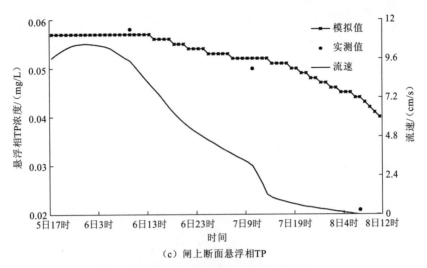

（c）闸上断面悬浮相TP

图 4.3　考虑多相转化悬浮相物质模拟结果

由图 4.3 可知，悬浮相 COD、TP 和 ON 浓度变化趋势大致相同，整体上呈现出初期基本维持平稳，中期迅速下降，后期下降缓慢或基本维持平衡。本节对悬浮相的描述主要考虑悬浮相的降解、吸附、沉降与再悬浮作用，其中影响降解和吸附作用的主要是降解系数和吸附系数，影响沉降与再悬浮作用的主要是临界流速。通过模型参数率定可知，临界流速对 TP 和 ON 较敏感，对其他参数不太敏感，经参数率定临界流速值为 20 cm/s。模拟前期来水流量较大，流速与临界流速相差不大，使得沉降量与再悬浮量维持平衡，吸附与降解同时也处于相对平衡状态，所以浓度基本不变；模拟中期来水流量逐渐减小，最大流速为 8 cm/s，此时沉降作用增强，再悬浮作用可忽略，同时流速减小也会使得降解作用减弱，吸附作用增强，三者同时作用，使得悬浮相浓度明显较少，随着流速进一步减小，悬浮相水质浓度减小速度逐渐减慢；模拟后期由于闸门开度逐渐减小直到关闭，闸前水流静止，水位持续上升，各种作用达到相对稳定，悬浮相浓度减小缓慢或维持基本平衡。综合上述分析，对悬浮相水质浓度影响最为显著的因素为流速，当流速大于临界流速时，悬浮相水质浓度增大；当流速小于临界流速时，悬浮相水质浓度减小。另外，水深和温度也会一定程度影响悬浮相浓度的变化。

4.1.3　藻类模拟结果

考虑水质多相转化机制的藻类模拟结果如图 4.4 所示。

由图 4.4 可知，藻类数量的变化呈现出增加-减小-增加-减小的趋势，4 月 5 日 17 时～6 日 9 时闸上断面和闸下断面藻类数量变化不大，此时初始断面来水还未到达模拟断面，藻类数量变化主要受生长和死亡的影响；4 月 6 日 9 时～14 时闸上断面和闸下断面藻类数量均有一定增加，但闸上增加不明显，闸下增加明显，说明此时随上游来水迁移下来的藻类一小部分留在了闸上断面，大部分随水流迁移到闸下断面，此时藻类数量

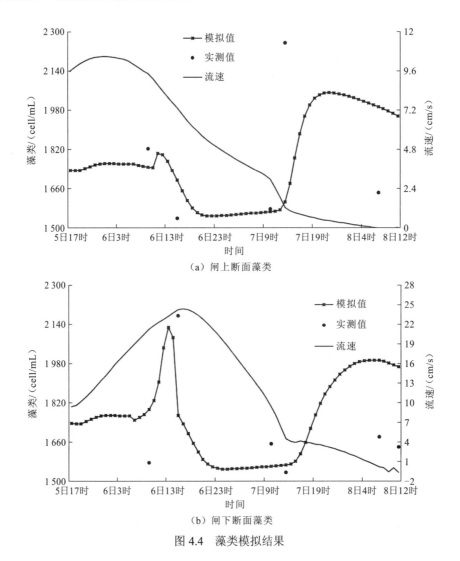

（a）闸上断面藻类

（b）闸下断面藻类

图 4.4　藻类模拟结果

主要受水流的迁移作用而发生变化。随着时间的推移，上游来水流量、闸门下泄流量逐渐减小，闸上断面和闸下断面藻类数量均出现了快速的增加，但闸上断面增加迅速，闸下断面增长相对缓慢，说明此时藻类数量的变化不仅受水流迁移作用的影响，还受其他作用的影响。根据文献（曹巧丽，2008），当流速为 30 cm/s 时，藻类比增率最大，较适合藻类生存。闸上断面在 7 日 12 时以后闸上断面流速减小到了 1.87 cm/s，不适合藻类的生长，但藻类数量大幅增加，说明由于闸门开度的变小，水体在闸上的停留时间较长，随水流迁移过来的藻类在闸前聚集，闸上断面藻类密度平均值和藻类质量净增量增大（龙天渝 等，2008）。闸下断面在 7 日 9 时以后最大流速为 10.6 cm/s，仅仅达到适合藻类生长流速的最低限，此时藻类的生长处在衰亡期，死亡率大于生长率。闸门下泄流量减小使闸下的水体扰动作用减弱，藻类对水分和营养物质的吸收减弱，同时藻类的悬浮作用也减弱，向底泥的沉降增多，导致藻类数量增长缓慢。闸门关闭后，闸上断面和闸下断面水体的扰动减弱，营养物质在吸附和沉降等作用下逐渐减少，藻类死亡率大于生长率，数量开始减少。在 7 日 12 时以前，由于下泄流量较大，水流的迁移作用较明显；在 7 日 12 时以后，来水流量和闸门下泄流量减小，流速、来水流量、闸门下泄流量均减弱，水动力条件不再适合藻类生长，抑制了藻类数量的增加。

综上分析，在各种物理、化学和生化作用下，溶解相与溶解相之间、溶解相与悬浮相和底泥相之间、溶解相与生物相之间均发生一系列复杂的反应过程。溶解相与溶解相之间有氨氮与硝酸盐氮的相互转化、有机氮向氨氮的转化，在转化过程中硝化作用、反硝化作用和矿化作用对氨氮和硝酸盐氮浓度的时空变化起到了重要作用，而矿化作用对溶解相 ON 浓度的变化影响不太显著。溶解相与悬浮相和底泥相之间主要有吸附和解吸作用，两者受水流的影响较为显著，水流较大时解吸作用占主导，悬浮相和底泥相水质向溶解相转化；水流较小时吸附作用占主导，溶解相水质向悬浮相和底泥相转化。溶解相与生物相之间主要为藻类生长吸收和死亡分解过程，生长吸收和死亡分解过程主要受光照、温度、营养物质浓度和 DO 浓度的影响，其中营养物质浓度和 DO 浓度起主导作用，营养物质浓度较大时藻类生长较快，溶解相向生物相转化较多；营养物质浓度较小时藻类死亡数量增加，死亡藻类的分解受到 DO 浓度的影响，DO 浓度高时藻类死亡分解较快，生物相向溶解相转化较快，DO 浓度低时藻类死亡分解较慢，生物相向溶解相转化较慢。

4.2　基于调度情景下的水质多相转化过程模拟分析

4.2.1　情景设置

槐店闸一般在汛期才大流量开闸放水，而在非汛期，为避免上游污水在闸前大量蓄积，其浅孔闸长期保持小流量下泄。本节设置了浅孔闸在不同情况下的运行调度情景，设置调度情景时主要考虑了闸门开启方式（即对闸门开启个数的选择）和开启程度（即对闸门开度的选择）两个方面，故设置了闸门全关、闸门集中开启 10 孔、闸门全开（18 孔）三种开启方式和闸门开启 0 cm、30 cm、60 cm、80 cm 四种开度下的水闸调度方案。情景设置如表 4.1 所示。

表 4.1　模拟情景设置

情景	水闸开启方式	闸门开度/cm	说明
情景 1	闸门全开	60	18 孔全开
情景 2	集中开启	80	10 孔全开
情景 3		30	
情景 4	闸门全关	0	无闸门开启

4.2.2 情景模拟

1. 溶解相物质模拟结果

在不同情景下，分别对闸上断面和闸下断面水体中的溶解相 TP、TN 浓度和藻类（PYT）个数的变化进行模拟，模拟结果如图 4.5 所示。由图 4.5 可知，闸上断面各指标浓度变化趋势与闸下断面各指标浓度变化趋势差别很大，同一断面不同水闸调度方式下物质浓度相差也很大。

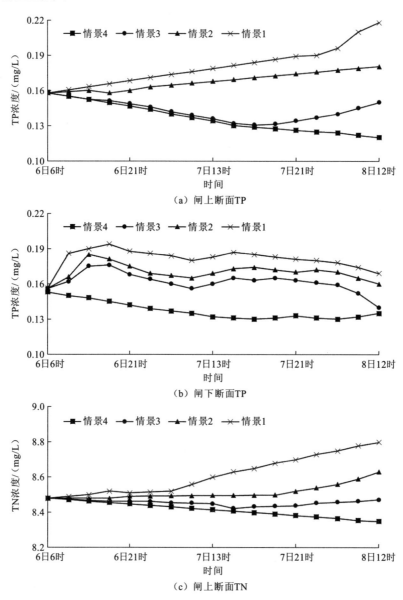

（a）闸上断面TP

（b）闸下断面TP

（c）闸上断面TN

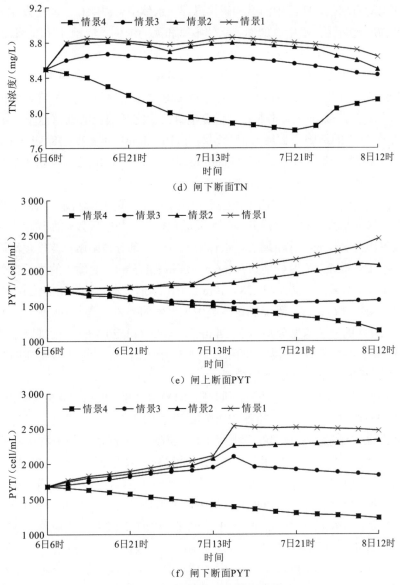

图 4.5 不同情景下的模拟结果

1）不同运行方式下的模拟

情景 1、情景 2、情景 4 为不同运行方式下物质的模拟结果。根据图 4.5 的模拟结果可知，闸门不同开度对 TP、TN 浓度和藻类细胞个数的变化均有显著的影响。对于闸上断面，当闸门开启（情景 1 和情景 2）时，闸上断面水位下降，水量减少，由于闸门的底坎高程高于河床高程（底坎高程 35.8 m，河底高程 34.1 m），来水中一部分物质滞留在底坎高程以下的水体中，闸上断面水体中 TP、TN 浓度增加，情景 1 和情景 2 闸上断面 TP 的最大浓度分别为 0.215 mg/L 和 0.175 mg/L，TN 的最大浓度分别为 8.786 mg/L 和 8.589 mg/L。同时下泄水流对水体中悬浮颗粒的剪切和破碎作用，以及对闸下断面底泥的冲刷作用均有增强，底泥中的氮和磷再悬浮，水体中悬浮颗粒之间也发生碰撞，吸附在颗粒上的物质重新回到水中，增加了水体中氮和磷的浓度。情景 1 和情景 2 闸下断面 TP 的最大浓度分别为 0.194 mg/L 和 0.182 mg/L，TN 的最大浓度分别为 8.902 mg/L 和 8.853 mg/L。由模拟结果对比还可以看出，闸门开度越高，开孔数越多，水流流速越大，对底泥和悬浮物的作用越强，释放到水体中的氮和磷浓度越高。氮、磷是水体中藻类繁殖、生长的主要营养成分，水体中氮、磷含量直接决定了藻类的繁殖速率，情景 1 和情景 2 闸上断面 PYT 的细胞个数最大值分别为 2456 cell/mL 和 2271.18 cell/mL，闸下断面 PYT 的细胞个数最大值分别为 2468.04 cell/mL 和 2362.79 cell/mL，反映了水体中氮、磷浓度的变化对藻类生长繁殖情况的影响。

当闸门关闭（情景 4）时，闸门不过流，闸门上游水位持续增高，水体中 TP、TN 得到了一定的稀释和扩散。同时水位升高，水面面积增大，与空气接触面积增大，水中溶解氧增加，微生物的氧化分解作用增强，水体中氮、磷一部分被降解，浓度逐渐降低，此时闸上断面 TP、TN 的最大浓度分别为 0.156 mg/L 和 8.475 mg/L，藻类的生长也受到一定的影响，PYT 细胞个数最大值为 1750.28 cell/mL。闸门关闭，水闸下游断面没有水量的输入，水体中的氮和磷不断被消耗，不能满足藻类生长繁殖的需要，藻类不断死亡、减少，此时闸下断面 TP、TN 的最大浓度分别为 0.154 mg/L 和 8.474 mg/L，PYT 的细胞个数最大值为 1686.16 cell/mL。此种情景下各物质的浓度明显低于闸门开启情景下各物质的浓度。

2）相同运行方式不同开度下的模拟

情景 2 和情景 3 为相同运行方式不同开度的模拟结果。根据图 4.5 的模拟结果可知，情景 2 的各物质浓度高于情景 3 的各物质浓度。对于闸上断面，情景 3 闸门开度较小，此时闸上断面来水流量大于闸门的下泄流量，上游水位升高，水体中物质的迁移和扩散作用较弱，沉降作用较强，上层水体中的物质被稀释，浓度下降；情景 2 闸门开度较大，此时上游来水流量小于闸门的下泄流量，闸上断面水位下降，沉降的物质使得水体中物质浓度升高；两种情景下闸上断面 TP 浓度最大值分别是 0.157 mg/L 和 0.175 mg/L，TN 浓度最大值分别是 8.476 mg/L 和 8.589 mg/L，PYT 细胞个数最大值分别是 1752.86 cell/mL 和 2271.18 cell/mL。对于闸下断面，情景 2 闸门开度较大，下泄流量大，对闸下断面底泥的扰动强度大，冲刷作用明显，底泥中物质再悬浮，底泥中氮、磷在一定水环境条件下通过物理、化学和生物作用重新回到水体中，使水体中氮、磷浓度增大；情景 3 闸门开度较小，下泄流量小，对闸下断面底泥的扰动强度小，冲刷作用不明显，底泥的再悬浮作用弱，氮、磷浓度增加缓慢；两种情景下藻类的生长也受到较明显的影响，闸下断面 TP 浓度最大值分别是 0.182 mg/L 和 0.175 mg/L，TN 浓度最大值分别是 8.853 mg/L 和 8.711 mg/L，PYT 细胞个数最大值分别是 2362.79 cell/mL 和 2075.46 cell/mL。

2. 悬浮相物质模拟结果

当闸门开启时，闸上断面和闸下断面悬浮相 TP 和 TN 浓度变化趋势基本相同，整体呈下降趋势；而闸门关闭时悬浮相 TP 和 TN 浓度变化与闸门开启时相差较大，具体情况如图 4.6 所示。

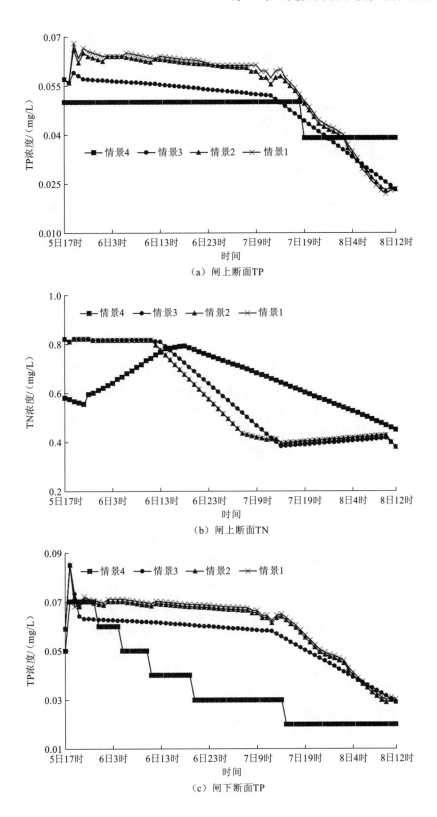

（a）闸上断面TP

（b）闸上断面TN

（c）闸下断面TP

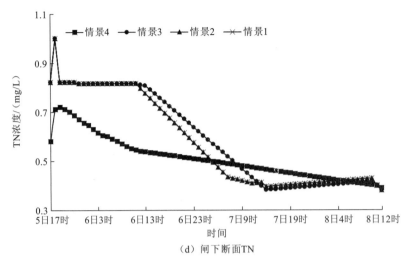

（d）闸下断面TN

图 4.6　不同情景下的模拟结果

1）不同运行方式下的模拟

情景 1、情景 2、情景 4 为不同运行方式下物质的模拟结果。根据图 4.6 的模拟结果可知，闸门不同开启高度对 TP 和 TN 浓度变化有显著的影响。对于闸上断面，当闸门开启（情景 1 和情景 2）时，情景 1 悬浮相 TP 浓度和情景 2 悬浮相 TP 浓度变化趋势相同，均呈先增后减[图 4.6（a）]，但情景 1 的 TP 浓度略大于情景 2 的 TP 浓度，两者闸门调度方式相比，情景 1 的闸门下泄流量大于情景 2，对闸上断面河床的扰动也较强，底泥中物质再悬浮到水中的物质也较多，前期底泥再悬浮明显，后期随着底泥浓度的减少，再悬浮作用减弱，此时情景 1 和情景 2 闸上断面水体中悬浮相 TP 的最大浓度分别为 0.065 9 mg/L 和 0.065 5 mg/L，TN 的最大浓度分别为 0.846 8 mg/L 和 0.845 4 mg/L。对于闸下断面，下泄水流对水体中悬浮颗粒的剪切和破碎作用，以及对闸下断面底泥的冲刷作用均有增强，底泥中的氮和磷再悬浮，前期悬浮相 TP 和 TN 浓度变化剧烈，后期变化缓慢，并呈下降趋势，此时情景 1 和情景 2 闸下断面 TP 的最大浓度分别为 0.081 5 mg/L 和 0.081 6 mg/L，TN 的最大浓度分别为 1.089 6 mg/L 和 1.070 7 mg/L。根据闸上和闸下断面 TP 和 TN 浓度的最大值对比还可以看出，闸门总过闸流量越大，闸上断面 TP 和 TN 的再悬浮作用越明显，闸下断面 TP 和 TN 的再悬浮作用相对不明显。

当闸门关闭（情景 4）时，图 4.6（b）中 TN 浓度呈现先增后减的趋势，而图 4.6（a）、（c）、（d）中 TP 和 TN 浓度均呈减小趋势，且情景 1 和情景 2 中 TP 和 TN 浓度的模拟结果差别很大。对于闸上断面，闸门关闭时，闸门不过流，闸门上游水位持续增高，水体中 TP 浓度得到了一定的稀释和扩散，浓度下降；可能是由于上游来水中 TN 浓度较大，在闸前累积，TN 浓度有所上升；后期闸前水位升高，水面面积增大，与空气接触面积增大，水中溶解氧增加，微生物的氧化分解作用增强，水体中氮、磷一部分被降解，浓度逐渐降低，此时闸上 TP、TN 的最大浓度分别为 0.05 mg/L 和 0.73 mg/L。对于闸下断面，闸门关闭时水闸下游断面没有水量的输入，水体中的 TP 和 TN 一部分在沉降作用下转化到底泥中，一部分被藻类生长所吸收，TP 和 TN 浓度不断减少，此时闸下断面 TP、TN 的最大浓度分别为 0.07 mg/L 和 0.73 mg/L，此种情景下各物质的浓度明显低于闸门开启情景下各物质的浓度。

2）相同运行方式不同开度下的模拟

情景 2 和情景 3 为相同运行方式不同开度的模拟结果。根据图 4.6（a）～（d）的模拟结果可知，闸上和闸下断面情景 2 的 TP 浓度大于情景 3 的 TP 浓度，情景 2 的 TN 浓度小于情景 3 的 TN 浓度，可见闸门相同运行方式下对不同物质的转化作用强弱不同。情景 2 的闸门开度大于情景 3 的闸门开度，当闸门大开度下泄时，由于水流的扰动，底泥相 TP 向悬浮相 TP 的转化作用较强，而底泥相 TN 向悬浮相 TN 的转化作用较弱，这是因为情景 2 闸门开度较大，此时上游来水流量小于闸门的下泄流量，闸上断面水位下降，沉降的物质使得水体中物质浓度升高；情景 3 闸门开度较小，此时闸上断面来水流量大于闸门的下泄流量，上游水位升高，水体中物质的迁移和扩散作用较弱，沉降作用较强，上层水体中的物质被稀释，浓度下降；两种情景下闸上断面 TP 浓度最大值分别是 0.065 5 mg/L 和 0.059 9 mg/L，TN 浓度最大值分别是 0.845 4 mg/L 和 0.837 1 mg/L。对于闸下断面，情景 2 闸门开度较大，下泄流量大，对闸下断面底泥的扰动强度大，冲刷作用明显，底泥中物质再悬浮，底泥中氮、磷在一定水环境条件下通过物理、化学和生物作用重新回到水体中，使水体中 TP 和 TN 浓度增大；情景 3 闸门开度较小，下泄流量小，对闸下断面底泥的扰动强度小，冲刷作用不明显，底泥的再悬浮作用弱，TP 和 TN 浓度增加缓慢；两种情景下，闸下断面 TP 浓度最大值均为 0.081 6 mg/L，TN 浓度最大值均为 1.070 7 mg/L。

综上所述，无论是闸上断面，还是闸下断面，闸门调度方式的改变均在一定程度上影响物质在水体不同相态间的转化，且闸门开启个数越多，闸门开度越大，对水质多相转化的影响越明显。闸门一直处在开启状态时，水体中各水质浓度会保持在一定的浓度范围之内，且随着水流的增大，浓度会呈下降趋势，但当闸门一段时间处于关闭时，如果上游来水携带的污染物质浓度较大，会在闸前累积，当闸门再度开启时，积累在闸前的污染物随水流下泄，存在对下游水环境产生二次污染的潜在危险性，如果产生二次污染，将造成不可估计的后果。因此，合理的闸门调度方式会在一定程度上改善河流的水环境。

4.3　水闸调度对水质多相转化的贡献率计算

开展水闸调控对水质多相转化贡献率大小的计算，是对水质多相转化主导反应机制的定量研究，可以从数据上全面了解对水闸调控的影响。贡献率是分析经济效益的一个指标，是指有效或有用成果数量与资源消耗及占用量之比，即产出量与投入量之比，或所得量与所费量之比，计算方法是

贡献率（%）=某因素增加量（增量或增长程度）/总增加量（总增量或增长程度）×100%

上式实际上是指某因素的增长量（程度）占总增长量（程度）的比重。

贡献率是一个比较抽象的指标，在使用时，即便其具体意义被说明，也不能任意使用，要符合常规，做到通俗化、标准化、规范化。

本节借鉴"贡献率"来表征闸门在不同开度下不同相态不同物质相对于常规河道浓度的变化，其浓度变化越大，表明水闸调控对水质多相转化的贡献率越大，计算公式为

$$\gamma = (\overline{C}_r - \overline{C}_w) / \overline{C}_w \times 100\% \tag{4.1}$$

式中：γ 为水闸调度对水质转化的贡献率；$\overline{C}_r$ 为某调度方式下的某相态水质浓度平均值；$\overline{C}_w$ 为无闸情况下的某相态水质浓度平均值。

4.3.1　水闸调度情景设计

水闸调度对水质转化的贡献率，是以天然情况下（即无闸）水质转化形成的浓度值为本底值，以受水闸调度后的水质浓度值为调控效果值，将每种调度情景模拟结果相对于无闸情景下模拟结果的变化率作为表征水闸调控效果的贡献量指标，并由此来评估水闸调度对水质转化的驱动作用。

本书研究对象槐店闸共有浅孔闸 18 孔和深孔闸 5 孔，其中浅孔闸长期保持小流量下泄，深孔闸只在洪水期供泄洪使用。实验开展的第三次、第四次实验中仅针对浅孔闸进行了调度，因此在情景设置时仅考虑浅孔闸调度对水质转化的影响，这样可避免深孔闸调度对水质转化的干扰。在调度方式设计方面，有不同闸门开度和不同开启方式（即开启哪些闸门）下生成的组合调度模式，由于 3.4 节建立的是一维水质模型，同时考虑不同开启方式下水闸对水流的扰动主要集中在临近闸门的小范围水域，对于整个闸控河段来说由于开度变化引起的过流能力差别是主要控制因素，因此情景设计的开启方式主要考虑浅孔闸 18 孔全开，而闸门开度设计方面则考虑了闸门关闭（0 cm）、闸门小开度（10 cm、20 cm）、闸门大开度（40 cm、60 cm、80 cm、120 cm）3 种开启情况、7 种调度情景。根据模拟发现，当闸门开度达到 120 cm 甚至更大时，水体中水质浓度与无闸情景下的水质浓度相比基本保持不变，这说明闸门大开度时，上游来水在闸控河段的水质转化过程基本不受闸门影响，此时模拟效果等同于无闸情景，因此当最大开度设定在 120 cm 时已满足模拟需求。

4.3.2　情景模拟结果分析

在进行调度情景模拟时，闸控河段水动力学模型与水质多相转化模型的初始条件、边界条件主要以第三次槐店闸调度影响实验时的数据为基础，只是在闸门调度方式上按照上面设定的调度情景来进行操作。分别对闸上和闸下断面水体-悬浮物-底泥-生物体界面内的溶解相、悬浮相和底泥相水质指标浓度的时空变化过程进行模拟。

1.溶解相水质模拟结果分析

不同调度情景下的闸上、闸下溶解相水质浓度变化过程如图 4.7 所示。

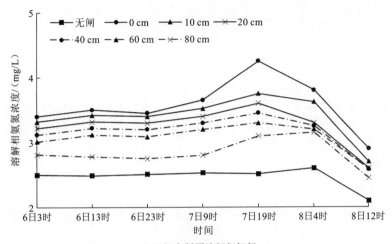

（a）闸上断面溶解相氨氮

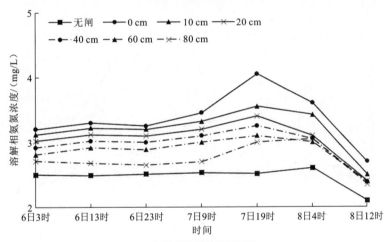

（b）闸下断面溶解相氨氮

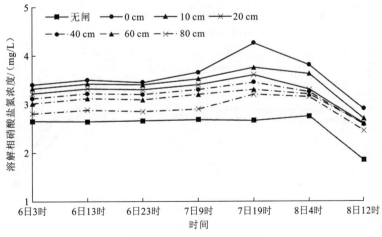

（c）闸上断面溶解相硝酸盐氮

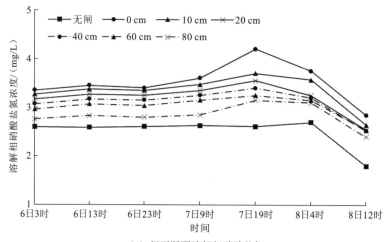

（d）闸下断面溶解相硝酸盐氮

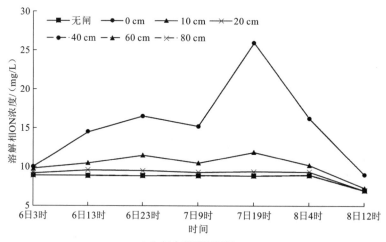

（e）闸上断面溶解相ON

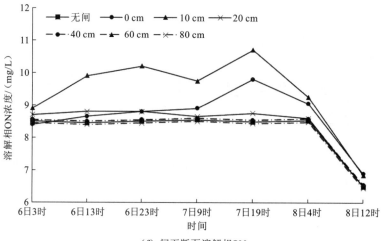

（f）闸下断面溶解相ON

图 4.7　溶解相水质浓度模拟结果

由图 4.7（a）～（d）可知，有闸时溶解相氨氮和硝酸盐氮浓度均大于无闸时的浓度，且随着闸门开度的增大其增加的幅度逐渐减小。有闸时，随着闸门开度的变大，溶解相氨氮和硝酸盐氮浓度逐渐减小，且闸上断面浓度大于闸下断面浓度。根据模拟结果，当闸门开度由 0 cm 逐渐增加到 80 cm 时，闸上断面和闸下断面的氨氮浓度平均值分别由 3.57 mg/L 和 3.40 mg/L 逐渐减小到 2.84 mg/L 和 2.66 mg/L，硝酸盐氮浓度平均值分别由 3.67 mg/L 和 3.47 mg/L 逐渐减小到 2.92 mg/L 和 2.72 mg/L。这说明当闸门关闭时，矿化作用、硝化作用和反硝化作用的综合作用效果最大。从时间序列来看，闸门开度为 80 cm 时，闸上断面和闸下断面溶解相氨氮和硝酸盐氮浓度随着时间变化逐渐减小，闸门其他开度时，闸上断面和闸下断面的溶解相氨氮和硝酸盐氮浓度随着时间变化先增加后减小。7 日 9 时以前，溶解相氨氮和硝酸盐氮浓度变化不大，说明此时的矿化作用、硝化作用和反硝化作用三者的作用效果基本达到一个平衡状态；7 日 9 时以后，溶解相氨氮和硝酸盐氮浓度均大幅变化。在 7 日 19 时分别达到了最大值：闸上断面和闸下断面的溶解相氨氮浓度最大值为 4.20 mg/L 和 4.02 mg/L，硝酸盐氮浓度最大值为 4.38 mg/L 和 4.16 mg/L，说明此时矿化作用和硝化作用较强，从而使氨氮和硝酸盐氮浓度不断增大。另外，从图 4.7（e）和（f）的模拟结果发现，7 日 19 时闸上断面和闸下断面的溶解相 ON 浓度也达到了最大值，分别为 25.31 mg/L 和 10.62 mg/L。此时，在矿化作用下氨氮浓度逐渐增大，在硝化作用下硝酸盐氮浓度也逐渐增大，因此氨氮和硝酸盐氮浓度也受 ON 浓度变化的影响。

由图 4.7（e）和（f）可知，随着闸门开度的增大，溶解相 ON 的浓度呈逐渐减小趋势；而从时间序列来看，溶解相 ON 浓度整体上呈先增大后减小的趋势。当闸门关闭时，闸上断面溶解相 ON 浓度变化幅度最大，此时上游来水携带的污染物质在闸前聚集，随着时间的推移，造成水体中溶解相 ON 浓度迅速增加，浓度最大值达到 25.31 mg/L，同时悬浮颗粒的吸附作用逐渐增强，溶解相 ON 浓度开始下降。闸下断面由于没有污染物质的输入，溶解相 ON 受吸附作用的影响，其浓度逐渐变小。随着闸门的开启及开度的增加，污染物随水流向闸下断面运移，闸上断面溶解相 ON 浓度相对于闸门关闭时的浓度明显下降，闸下断面由于下泄水流携带溶解相 ON 的进入及下泄水流对底泥的冲刷，解吸作用的增强，溶解相 ON 浓度相对于闸门关闭时的浓度均增大，浓度最大增加到 10.62 mg/L。综上所述，溶解相 ON 的浓度变化过程受水流的迁移作用、吸附作用和解吸作用的影响较为明显。

2.悬浮相和底泥相水质模拟结果分析

不同调度情景下的闸上、闸下悬浮相和底泥相水质浓度变化过程如图 4.8 所示。

图 4.8（a）、（b）给出了闸上断面、闸下断面悬浮相 ON 的浓度变化过程。由模拟结果可见，随着闸门开度的增加，悬浮相 ON 浓度呈增大趋势；而从时间序列来看，悬浮相 ON 浓度整体呈减小趋势。当闸门关闭时，悬浮相 ON 浓度下降最快，在模拟期内其浓度值由 0.86 mg/L 下降到 0.28 mg/L，说明此时水体中的沉降作用最强。随着闸门开度的增加，闸孔下泄流量也相应增大，对闸下断面底质的扰动作用增强，底泥相 ON 受再

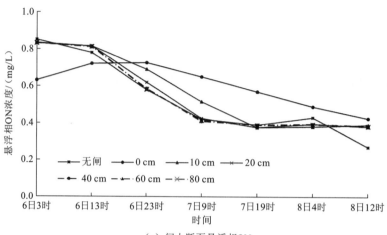

（a）闸上断面悬浮相ON

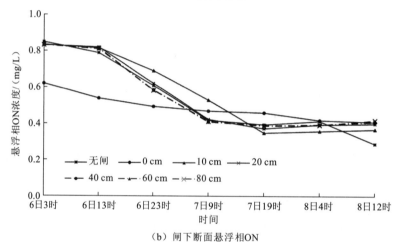

（b）闸下断面悬浮相ON

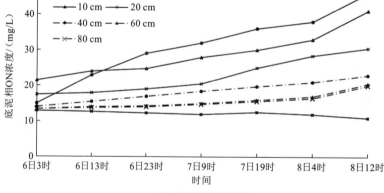

（c）闸上断面底泥相ON

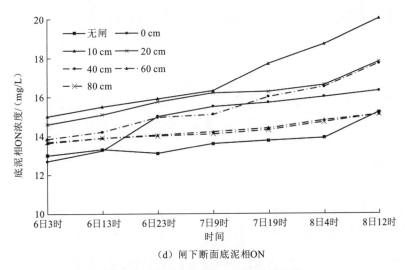

（d）闸下断面底泥相ON

图 4.8　悬浮相和底泥相水质模拟结果

悬浮作用的影响逐渐向悬浮相 ON 转化。根据研究发现，底泥相 ON 再悬浮时的临界流速在 20 cm/s 左右，而模拟期来水流量较小，流速基本在临界流速之下，故对底泥相 ON 的扰动作用不太显著。随着计算时间的延长，悬浮相 ON 在沉降作用下重新回到底泥中，所不同的是不同调度方式对应的悬浮相 ON 浓度减小的速率。当闸门开度为 10 cm 时，在模拟期内悬浮相 ON 浓度由 0.84 mg/L 下降到 0.39 mg/L；而当闸门开度为 80 cm 时，在模拟期内悬浮相 ON 浓度由 0.84 mg/L 下降到 0.36 mg/L。这说明，当上游来水满足闸门大开度下泄时，随着闸门开度的增大，底泥相的再悬浮作用逐渐增强。

图 4.8（c）、（d）给出了闸上断面、闸下断面底泥相 ON 的浓度变化过程。由模拟结果可见，有闸时闸上断面和闸下断面底泥相 ON 浓度均大于无闸时的浓度。随着闸门开度的增加，底泥相 ON 浓度呈下降趋势；而从时间序列来看，底泥相 ON 浓度随时间逐渐增加，但闸门开度越大，浓度增加越慢。当闸门关闭时，闸上断面和闸下断面底泥相 ON 浓度分别由 14.65 mg/L 和 12.82 mg/L 增加到 46.46 mg/L 和 16.44 mg/L；当闸门开度为 80 cm 时，闸上断面和闸下断面底泥相 ON 浓度分别由 13.59 mg/L 和 13.54 mg/L 增加到 20.09 mg/L 和 15.26 mg/L。从成因上分析，受上游来水的影响，其携带的悬浮相 ON 被阻隔在闸前，在沉降作用下悬浮相 ON 进入底泥，使得底泥相 ON 浓度相应增加；而闸下断面由于闸门的阻隔，水体相对静止稳定，沉降与再悬浮作用基本维持平衡，悬浮相 ON 向底泥的沉降量较少，底泥相 ON 浓度相对于闸上断面增长缓慢。当闸门维持小开度泄流时，对闸上和闸下断面的底质有一定的扰动作用，此时底泥相 ON 浓度相对于闸门关闭时略有减小，这说明底泥相 ON 在水流冲刷作用下逐步向悬浮相转化。当闸门维持大开度泄流时，对河道底质的冲刷作用增强，此时底泥相 ON 在再悬浮作用下快速进入水体；而且闸门开度越大，其浓度增加越缓慢，这说明闸门开度越大，底泥相 ON 的再悬浮作用越强。综上所述，底泥相 ON 的再悬浮作用不仅受闸门开度、下泄流量、流速的影响，还受上游来水条件的影响。

总体来说，在闸控河段，溶解相与溶解相之间、溶解相与悬浮相和底泥相之间、悬浮相与底泥相之间发生的一系列反应机制受多种因素影响。这些因素主要有上游来水流量、闸门开启方式、闸门下泄流量、水体流速等。上游来水不仅可以补充水体中的水质浓度，还能加大对闸上断面水体的扰动，使解吸作用和再悬浮作用增强。闸门刚刚开启时，下泄水量携带上游水体的污染物进入闸下水体，同时下泄水流对沉降在底质中的物质造成冲刷，水体中溶解相物质浓度大幅增加，容易对闸下水环境形成污染。

4.3.3 水闸调度贡献率分析

结合以上模拟结果，运用式（4.1）计算在不同调度情景下水闸调控对闸上断面和闸下断面溶解相、悬浮相、底泥相水质转化的贡献率，如表 4.2 所示。

表 4.2 各调度情景下的水质转化贡献率 （单位：%）

调度情景	溶解相氨氮		溶解相硝酸盐氮		溶解相ON		悬浮相ON		底泥相ON	
	闸上	闸下	闸上	闸下	闸上	闸下	闸上	闸下	闸上	闸下
0 cm	47.01	39.24	47.00	39.24	83.91	5.07	13.22	−9.43	17.33	0.84
10 cm	40.04	32.28	40.04	32.27	18.17	14.81	6.54	5.89	15.36	2.36
20 cm	34.01	26.25	34.01	26.25	2.18	1.90	2.80	3.51	9.78	1.69
40 cm	30.70	22.94	30.70	22.94	0.22	0.20	1.20	2.46	6.14	1.23
60 cm	26.30	18.54	26.30	18.54	0.01	0.01	1.03	2.17	3.90	0.46
80 cm	17.14	9.38	17.14	9.38	0.04	0.04	1.20	1.93	3.71	0.42

由表 4.2 可见，闸上断面和闸下断面贡献率相差较大，但变化趋势基本一致。溶解相水质浓度变化受多个反应过程的影响，过程较为复杂，水闸调控对溶解相水质浓度变化的贡献率最大。对于闸上断面，闸门关闭时的水闸调控贡献率最大，溶解相氨氮、溶解相硝酸盐氮、溶解相 ON、悬浮相 ON 和底泥相 ON 的贡献率分别为47.01%、47.00%、83.91%、13.22%、17.33%。此后，随着开度的增加，贡献率逐步减小，开度为 80 cm 时贡献率达到最小，上述五个指标的贡献率分别减少至 17.14%、17.14%、0.04%、1.20%、3.71%。对于溶解相氨氮和硝酸盐氮，当闸门关闭时水流静止，大气复氧作用减弱，水体中溶解氧浓度降低，此时矿化作用和硝化作用减弱、反硝化作用增强，并造成氨氮浓度增加、硝酸盐氮浓度降低。当闸门维持大流量泄流时，闸前水体被充分扰动、大气复氧作用充分，此时水体的溶解氧浓度接近饱和，矿化作用、硝化作用和反硝化作用基本稳定。模拟结果也显示，在闸门开度达到 80 cm 时水闸调控对水质变化的贡献率最小，此时氨氮浓度的增加主要受溶解相 ON 浓度的影响。对于各相态 ON，当闸门关闭时水体的吸附作用、沉降作用增强，造成溶解相 ON 浓度降低，悬浮相和底泥相 ON 浓度增

加，此时水闸调控对三者浓度变化的贡献率最大；在闸门开度达到 80 cm 时，水闸调控作用明显减弱，此时对水质浓度变化的贡献率最小。由此可见，随着闸门开度的增加，由于水流的冲刷和扰动，闸门刚开启时溶解相水质浓度会升高，但如果保持长时间下泄可使闸前水质保持良好的状态。对于闸下断面，水闸调控的贡献率呈现出不同的变化趋势：氨氮和硝酸盐氮的贡献率呈现下降趋势，且两者相差不大；溶解相、悬浮相和底泥相 ON 的贡献率呈现先增大后减小趋势。当闸门开度为 10 cm 时，溶解相、悬浮相和底泥相 ON 的贡献率达到最大值，分别为 14.81%、5.89%、2.36%；此后随着闸门开度的增大，贡献率逐渐减小。闸门下泄不仅对下游底泥有一定的冲刷作用，还对悬浮相物质有剪切和破碎的作用，且下泄流量越大，剪切和破碎作用越强，解吸作用越明显。

4.4　不同调度方式下的主导反应机制分析

闸控河段由于水闸的存在，其水动力因子变化频繁、剧烈，水质多相转化过程更加复杂，开展基于调度情景下的主导反应机制研究，能进一步摸清水闸调度对水质多相转化驱动作用的影响，清楚地说明不同开度下导致各相态不同水质浓度变化的主导反应过程，为控制水体中污染物浓度变化提供可参考的水闸调度方式。本节通过设置不同的水闸调度情景，运用上述建立的模型对不同水闸调度情景下的水质浓度进行模拟，将不同调度情景的水质模拟结果进行对比，分析不同调度情景下水质多相转化的主导反应机制。

4.4.1　主导反应机制识别方法

主导反应机制识别就是在闸控河段某一调度方式下主要驱动水质转化的反应过程。闸控河段水质转化机制非常复杂，在水体–悬浮物–底泥–生物体界面内发生的反应机制有迁移与扩散作用、吸附与解吸作用、沉降与再悬浮作用、藻类摄入、内源呼吸、藻类死亡分解、硝化作用、反硝化作用、矿化作用等。如果再考虑不同水质指标之间的反应速率差异，则有三十多种反应机制，对这些反应机制逐个展开讨论过于烦琐，为此选取最具代表性的水质指标和反应机制来进行研究。本小节选择在水质转化内在关系紧密的溶解相氨氮（DNH_3）、溶解相硝酸盐氮（DNO_3）、溶解相有机氮（DON）、悬浮相有机氮（SON）和底泥相有机氮（BON）作为代表性水质参数，重点考虑在它们之间发生的吸附作用、解吸作用、沉降作用、再悬浮作用、矿化作用、硝化作用和反硝化作用（由于藻类生长与死亡分解作用相对于以上反应机制滞后周期较长，故在此未再考虑），其中前四项主要从水质相态转化的角度进行考虑，后三项主要聚焦于水体内的氮循环转化过程。对于某一相态水质成分来说，其转化过程可能涉及多种反应机制，因此其浓度变化可看作这些反应的综合作用结果（表 4.3），而每一种反应机制对该水质浓度变化的贡献率，则反映其对于水质转化的贡献大小，贡献率大的则为主导反应机制。

表 4.3　闸控河段水质转化涉及的反应机制

水质指标	数学表达式	涉及的反应机制
DON	$\dfrac{\mathrm{d}C_{DON}}{\mathrm{d}t} = N_{ed1} + N'_{bd} - N_{dw} - N_{kh}$	解吸、吸附、生物死亡分解、矿化
DNH$_3$	$\dfrac{\mathrm{d}C_{DNH_3}}{\mathrm{d}t} = N_{fxh} + N_{kh} - N_{de1} - N_{xh}$	生物摄入、硝化、反硝化、矿化
DNO$_3$	$\dfrac{\mathrm{d}C_{DNO_3}}{\mathrm{d}t} = N_{xh} - N_{de2} - N_{fxh}$	生物摄入、硝化、反硝化
SON	$\dfrac{\mathrm{d}C_{SON}}{\mathrm{d}t} = N_{dw} + N_{bw} - N'_{wb}$	吸附、沉降、再悬浮
BON	$\dfrac{\mathrm{d}C_{BON}}{\mathrm{d}t} = N'_{wb} + N_{eb2} - N_{bw}$	沉降、再悬浮、生物死亡分解

注：C_{DON}、C_{DNH_3}、C_{DNO_3}、C_{SON}、C_{BON} 分别为 DON、DNH$_3$、DNO$_3$、SON、BON 的浓度值；N_{ed1}、N_{ed2} 分别为生物死亡和分解作用下的 DON、BON 增加量；N'_{bd} 为解吸作用下 BON 向 DON 的转化量；N_{dw} 为吸附作用下 DON 向 SON 的转化量；N_{kh} 为矿化作用下 DON 向 DNH$_3$ 的转化量；N_{fxh} 为反硝化作用下 DNO$_3$ 向 DNH$_3$ 的转化量；N_{xh} 为硝化作用下 DNH$_3$ 向 DNO$_3$ 的转化量；N_{de1}、N_{de2} 分别为藻类对 DNH$_3$、DNO$_3$ 的摄入量；N_{bw} 为再悬浮作用下 BON 向 SON 的转化量；N'_{wb} 为沉降作用下 SON 向 BON 的转化量。

引入贡献率来反映水闸调控对水质转化的整体效果，为了进一步识别每个反应机制对水质多相转化的作用强弱，进一步结合水质模拟结果，将各反应机制对水闸调度总贡献率的作用效果分项来评判其对水质转化的单项贡献，即

$$\phi_i = \gamma_i / |\gamma| \tag{4.2}$$

式中：ϕ_i 为第 i 种反应机制在水质转化中的贡献率比值（下面统称为"贡献比"）；γ_i 为第 i 种反应机制对某相（溶解相、悬浮相、底泥相或生物相）水质浓度变化的子贡献率；$|\gamma|$ 为水闸调度贡献率的绝对值。

为了进一步区分各反应机制的变化剧烈程度，针对贡献比设定了五个等级来表征反应机制的贡献强弱（表 4.4）。

表 4.4　贡献比的等级划定

等级	主导性强	主导性略强	基本不变	主导性略弱	主导性弱
判别区间	>0.40	0.20～0.40	0.00～0.05	0.10～0.20	0.05～0.10
表征符号	++	+	=	−	−−

4.4.2　不同调度情景下的主导反应机制分析

据计算出的贡献率结果，进一步分析在闸上、闸下河段内各种反应机制对水质浓度变化的贡献比，并由此识别出主要的反应机制。根据式（4.2）计算各子反应过程的贡献比并判别其主导性强弱，结果如表 4.5 所示。

表 4.5　各调度情景下的主导反应机制识别

调度情景	吸附作用		解吸作用		沉降作用		再悬浮作用		矿化作用		硝化作用		反硝化作用	
	闸上	闸下	闸上	闸下	闸上	闸下	闸上	闸下	闸上	闸下	闸上	闸下	闸上	闸下
0 cm	0.71 (++)	0.55 (++)	0.06 (−−)	0.04 (=)	0.47 (++)	0.68 (++)	0.03 (=)	0.00 (=)	0.10 (−)	0.09 (−−)	0.04 (=)	0.02 (=)	0.29 (+)	0.30 (+)
10 cm	0.57 (++)	0.46 (++)	0.14 (−)	0.10 (−−)	0.39 (+)	0.48 (++)	0.07 (−−)	0.10 (−)	0.13 (−)	0.12 (−)	0.11 (−)	0.10 (−−)	0.24 (+)	0.26 (+)
20 cm	0.37 (+)	0.29 (−)	0.26 (+)	0.22 (+)	0.26 (−)	0.38 (+)	0.13 (−)	0.21 (−)	0.19 (−)	0.18 (−)	0.19 (−)	0.17 (+)	0.19 (−)	0.20 (−)
40 cm	0.18 (−)	0.14 (−)	0.32 (+)	0.28 (+)	0.15 (−)	0.20 (−)	0.25 (+)	0.36 (+)	0.21 (−)	0.20 (−)	0.26 (+)	0.24 (+)	0.16 (−)	0.17 (−)
60 cm	0.06 (−−)	0.06 (−−)	0.38 (+)	0.39 (+)	0.07 (−)	0.12 (−)	0.37 (+)	0.49 (+)	0.26 (+)	0.27 (+)	0.31 (+)	0.29 (+)	0.09 (−−)	0.09 (−−)
80 cm	0.01 (=)	0.01 (=)	0.48 (++)	0.45 (++)	0.03 (=)	0.01 (=)	0.49 (+)	0.60 (+)	0.29 (+)	0.30 (+)	0.33 (+)	0.36 (+)	0.06 (−−)	0.06 (−−)
120 cm	0.00 (=)	0.00 (=)	0.00 (=)	0.00 (=)	0.00 (=)	0.00 (=)	0.00 (=)	0.00 (=)	0.00 (=)	0.00 (=)	0.00 (=)	0.00 (=)	0.00 (=)	0.00 (=)

注：括号前面为各反应机制的贡献比，括号中为贡献比等级。

　　根据表 4.3 给出的溶解相氨氮和溶解相硝酸盐氮的浓度计算公式可知，两者浓度变化主要受到生物摄入作用、矿化作用、硝化作用和反硝化作用的影响。根据表 4.5 的计算结果，矿化作用和硝化作用对于水质浓度变化的贡献比逐渐增加，其中矿化作用的贡献比由 0.10（闸上）、0.09（闸下）增加到 0.29（闸上）、0.30（闸下），主导性强弱分别由"略弱"等级和"弱"等级增加到"略强"等级；硝化作用则由 0.04（闸上）、0.02（闸下）增加到 0.33（闸上）、0.36（闸下），主导性强弱分别由"基本不变"等级增加到"略强"等级；反硝化作用对于水质浓度变化的贡献比逐渐降低，由 0.29（闸上）、0.30（闸下）降低到 0.06（闸上）和 0.06（闸下），其主导性强弱由"略强"等级减弱到"弱"等级。当闸门关闭时，闸上断面由于有上游来水的补充，相对于闸下断面溶解氧浓度较大，此时闸上断面的矿化作用和硝化作用的作用强度比闸下断面较强，贡献比也较大，反硝化作用则相反。随着闸门的开启和水动力条件的改变，各种反应机制发生了变化。在闸门维持小开度泄流时，矿化作用、硝化作用贡献比变化不明显，反硝化作用的贡献比有较大变化，此时反硝化作用为主导反应机制。随着闸门开度的增加，下泄水流增大，闸下断面水体受到的扰动比闸上断面较强，溶解氧浓度较高，矿化作用、硝化作用的贡献比明显增大，主导性显著增强，反硝化作用的贡献比则较小，主导性减弱。此时矿化作用和硝化作用成为主导反应机制。

　　对于各相态 ON 来说，其浓度变化受矿化作用、吸附作用、解吸作用、沉降作用、再悬浮作用和生物死亡分解作用等作用的综合影响。根据表 4.5 的计算结果，解吸作用分别由 0.06（闸上）、0.04（闸下）增加到 0.48（闸上）、0.45（闸下），主导性强弱分别由"弱"等级和"基本不变"等级增加到"强"等级，再悬浮作用则由 0.03（闸上）、0.00（闸下）增加到 0.49（闸上）、0.60（闸下），主导性强弱由"基本不变"等级增加到"强"等级；吸附作用分别由 0.71（闸上）、0.55（闸下）降低到 0.01（闸上）、0.01（闸下），主导性强弱分别由"强"等级减弱到"基本不变"等级，沉降作用则由 0.47（闸上）、0.68

（闸下）降低到 0.03（闸上）、0.01（闸下），主导性强弱分别由"强"等级减弱到"基本不变"等级。当闸门关闭时，闸上断面受上游来水的扰动作用，吸附作用、解吸作用和再悬浮作用的贡献比相对闸下断面的贡献比较大，而沉降作用的贡献比相对闸下断面的贡献比较小。当闸门维持小开度时，闸门有一定的水流下泄，闸上断面在受上游来水扰动的同时，还受到闸门开启的影响，底泥相 ON 在再悬浮作用下开始向悬浮相转换，而闸下断面底泥相 ON 受到下泄水流的冲刷，在水体中转化成悬浮相 ON，此时解吸作用和再悬浮沉降贡献比较闸门开启 0 cm 时略微增大，吸附作用和沉降作用贡献比较闸门开启 0 cm 时略微减小。随着闸门开度的继续增大，闸门下泄水流对水体的扰动、冲刷等越来越严重，解吸作用和再悬浮作用的贡献比较闸门开启 0 cm 时越来越大，主导性逐渐增强，沉降作用和吸附作用贡献比较闸门开启 0 cm 时越来越小，主导性逐渐减弱。

综上所述，在上游来水的扰动和闸门下泄水流的冲刷作用下，无论是闸上断面还是闸下断面，吸附作用、解吸作用、沉降作用、再悬浮作用、矿化作用、硝化作用和反硝化作用的贡献比随着闸门开启方式的变化和改变，主导向强弱也相应地发生变化。不同之处在于各反应过程的主导性强弱变化所对应的闸门调度方式不同。以吸附作用和解吸作用为例，吸附作用在闸门开度由 20 cm 增加到 40 cm 时，其主导性由"略强（+）"等级变化到"略弱（−）"等级，解吸作用在闸门开度由 10 cm 增加到 20 cm 时，主导性由"略弱（−）"等级变化到"略强（+）"等级。

4.5 小　　结

本章基于构建的闸控河流水质多相转化数学模型，对不考虑和考虑水质多相转化机制的水质及在不同调度情景下的水质多相转化过程进行模拟分析。根据水闸调度对水质多相转化的贡献率的计算可知，闸上断面和闸下断面贡献率相差较大，但变化趋势基本一致，溶解相水质浓度变化受多个反应过程的影响，过程较为复杂，水闸调控对溶解相水质浓度变化的贡献率最大；对于闸上断面，闸门关闭时的水闸调控贡献率最大；对于闸下断面，水闸调控的贡献率呈现出不同的变化趋势，即氨氮和硝酸盐氮的贡献率呈现下降趋势且两者相差不大，溶解相、悬浮相和底泥相 ON 的贡献率呈现先增大后减小趋势。在上游来水的扰动和闸门下泄水流的冲刷作用下，无论是闸上断面还是闸下断面，相关作用的贡献比随着闸门开启方式的变化而改变，主导性强弱也相应地发生变化，不同之处在于各反应过程的主导性强弱变化所对应的闸门调度方式不同。

第 5 章

闸控河流水质影响评估及量化关系构建

在对闸控河段水质转化机理研究的基础上，本章将聚焦到闸控河段这一微观角度，在评估水闸调度和入河污染负荷对闸控河流水质影响的基础上，探索水质浓度与闸门调度方式、污染负荷之间的复杂非线性关系。为此，本章将对闸控河段主要水质浓度影响因子进行识别，并采用情景模拟及对比分析的方法评估其对水质浓度的影响，进而提出水闸调度-水质浓度量化关系和来水污染负荷-水质浓度量化关系，其研究结果为水闸调度改善河流水质的可调性提供必要的依据。

5.1 水闸调度对闸控河流水质影响的评估

5.1.1 调度情景设计

槐店闸通常在汛期才大流量开闸放水，而在来水较少的非汛期，为避免上游污水在闸前大量蓄积，其浅孔闸长期保持小流量下泄。本节设计了浅孔闸在不同工况下的运行调度情景。在设计调度情景时，主要考虑了闸门开启方式（即对闸门开启个数的选择）和开启程度（即对闸门开度的选择）两个方面，由此生成了闸门全部开启（18 孔）、集中开启 14 孔、集中开启 10 孔、集中开启 6 孔四种不同开启方式和闸门开启 80 cm、60 cm、40 cm、20 cm 四种开度下的水闸调度方案。同时为了评估水闸的存在对河流水质的影响，增设了无闸情景（假设河道上不存在水闸的情景），如表 5.1 所示。

表 5.1 槐店闸调度情景设计

情景	闸门运行方式	闸门开度/cm	备注
情景1	全开	20	18孔全开
情景2		40	
情景3		60	
情景4		80	
情景5~8	集中下泄	20、40、60、80	中间开启14孔
情景9~12			中间开启10孔
情景13~16			中间开启6孔
情景17	无闸		无闸门调节作用

5.1.2 情景模拟

1. 相同闸门开启个数、不同闸门开度情景下的模拟结果的对比分析

当闸门全开（18 孔），闸门开度分别为 20 cm、40 cm、60 cm 和 80 cm 的闸后断面 COD 及 $NH_3\text{-}N$ 浓度随时间变化的模拟计算结果如图 5.1 所示。

由图 5.1 可知，当闸门开启个数相同而闸门开度不同时，闸后断面污染物（COD 和 $NH_3\text{-}N$）浓度的变化趋势基本一致，而闸后断面污染物（COD 和 $NH_3\text{-}N$）浓度随着闸门开度的变大而增加。闸门开度直接影响着下泄流量及水流的流速，当闸门开度变大时，河道的流量变大，水流流速变快，水体中污染物的降解作用增强，但沉降作用减弱、底泥再悬浮量增加，总体效果是污染物浓度增加。通过对比图 5.1（a）和图 5.1（b）可知，

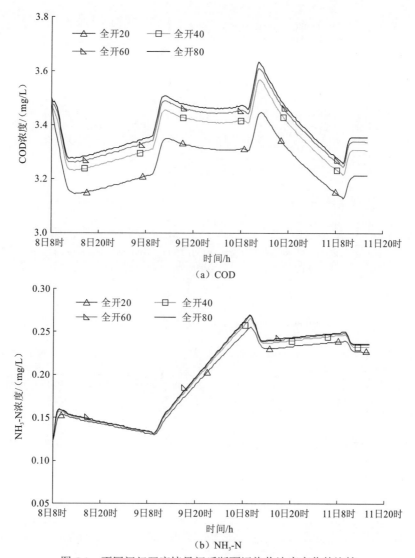

图 5.1　不同闸门开度情景闸后断面污染物浓度变化的比较

COD 随闸门开度的变化较 NH$_3$-N 明显，这主要是因为 NH$_3$-N 属于易溶解物质，沉降作用及底泥再悬浮对其在水体中浓度变化的影响不如 COD 大。

2.不同闸门开启个数、相同闸门开度情景下的模拟结果

对情景 1、情景 4、情景 9 和情景 12 进行模拟计算，并将其计算结果进行比较，进而分析闸门开度相同、开启个数不同时，水闸对河流水体中污染物浓度变化的影响。四种情景的模拟结果如图 5.2 所示。

由图 5.2 可知，当闸门开度相同时，闸后断面的污染物（COD 和 NH$_3$-N）浓度比集中下泄（开启中间 10 孔）时的大，这是因为闸门全开时闸坝下泄流量较大，流速较快，水流对底泥的冲刷较剧烈，底泥大量悬浮，底泥中的污染物（COD 和 NH$_3$-N）进入水体，

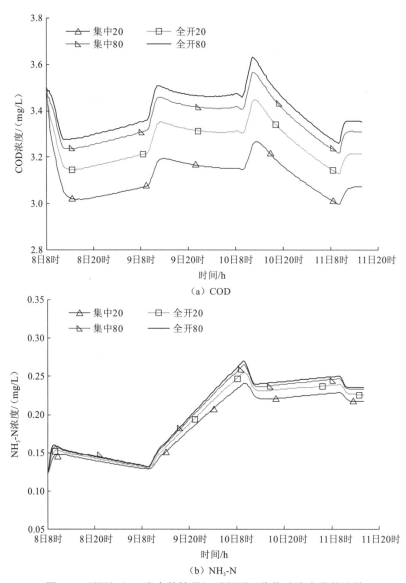

（a）COD

（b）NH₃-N

图 5.2　不同闸门开启个数情景闸后断面污染物浓度变化的比较

使水体中污染物浓度（COD 和 NH₃-N）明显增加。其中，情景 1 闸后断面的 COD 浓度、NH₃-N 浓度分别比情景 9 的大 5.5%、5.1%；情景 4 闸后断面的 COD 浓度、NH₃-N 浓度分别比情景 12 的大 1.8%、2.6%。当集中下泄（开启中间 10 孔）时，闸门开度 20 cm 和 80 cm 的 COD、NH₃-N 浓度分别相差 8.37%、8.39%；而当闸门全开（18 孔）时，闸门开度 20 cm 和 80 cm 的 COD、NH₃-N 浓度分别相差 5.30%、5.58%。可见，闸门开启个数少时，闸门开度变化对闸后断面污染物（COD 和 NH₃-N）浓度的影响较明显，这是因为集中下泄时，闸门开度由 20 cm 增大到 80 cm 引起闸坝下泄流量变化较大，导致流速波动大，故闸后断面污染物浓度的变化较显著。

3.无闸坝情景下的模拟结果

除了以上有闸坝调度情景下的水质变化过程模拟，本小节还针对在没有闸坝修建情景下水体中 COD 和 NH_3-N 的浓度过程变化进行了模拟和计算，如图 5.3 所示。

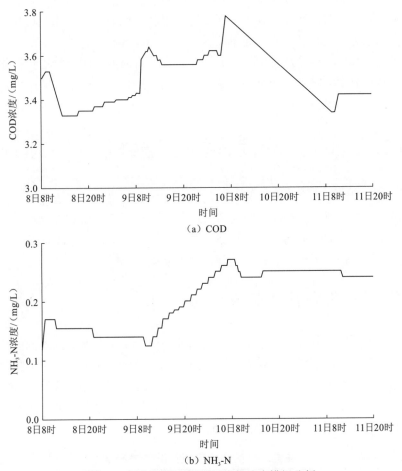

（a）COD

（b）NH_3-N

图 5.3　无闸时闸后断面污染物浓度模拟分析

由图 5.3 可知，无闸时相应位置时 COD 浓度最大值为 3.73 mg/L，NH_3-N 浓度最大值为 0.27 mg/L，比有闸时的污染物浓度要大，这主要是因为没有闸坝的拦蓄作用，上游向下游迁移的污染物量增加，从而导致水体中污染物浓度增加。

5.1.3　水闸调控对河流水质变化的影响分析

从上述情景模拟及其结果的比较中可知，闸门开启个数及开度的变化会引起河流的水文要素发生变化，如水位、流量、流速等，进而对河流水体中污染物（COD 和 NH_3-N）的降解作用、沉降作用及底泥再悬浮产生一定的影响，最终影响水体中污染物的浓度。闸门开度大，开启个数多，水闸的下泄流量大，水流流速快，污染物的降解作用增强，但其沉降作用弱，水流对河底表层底泥的扰动大，底泥再悬浮对河流水体污染物浓度影响明显；闸门从小开度变到大开度或由大开度变成小开度时，流速波动较大，水流对底泥的扰动较大，河流水体中污染物的浓度变化剧烈；集中下泄时，闸门开度的变化对河流水体中污染物浓度变化的影响较闸门全开时闸门开度的变化对污染物浓度的影响明显；而河流中无闸坝时，河流水体中的污染物浓度较有闸时稍大，由此可见，水闸的存在对污染物随水流的迁移转化有一定的影响。

综上所述，水闸的存在及闸坝不同的调控方式使得河流中污染物迁移转化过程更加复杂，对污染物浓度的时空分布有不可忽视的影响，并且合理的水闸调度可以使水体中污染物浓度有一定的减少。

5.2 入河污染负荷对闸控河流水质影响的评估

一般来说，排污行为会在短时间内使河流水体中的污染物浓度迅速增加，对河流水质产生明显的影响，因此有必要在闸控河段对上游来水污染负荷对河流水质的影响进行评估。本节设置不同的入河污染负荷情景，并在各种情景下进行模拟计算，对计算结果对比分析，进而评估入河污染负荷对河流水质的影响。

5.2.1 入河污染负荷情景设计

在一定的水闸运行方式下，根据上游来水的不同污染负荷水平及不同的排污时间，设计多种排污情景。本小节以槐店闸某次闸门调度实验期内的水质监测资料为基础，选择了当时实测的来水污染物浓度及将其放大 3 倍、5 倍、7 倍、10 倍后的污染物浓度来设计排污负荷量。此外还考虑了不同的排污时间，如整个实验期、半个实验期等，由此共设计了 10 种排污情景，具体情况如表 5.2 所示。

表 5.2 不同来水污染负荷的情景设计

情景	排污量/t	排污时间	备注
情景1	250	整个实验期（3d）	
情景2		半个实验期	
情景3	750	整个实验期（3d）	
情景4		半个实验期	
情景5	1 250	整个实验期（3d）	闸门全开80 cm
情景6		半个实验期	
情景7	1 750	整个实验期（3d）	
情景8		半个实验期	
情景9	2 500	整个实验期（3d）	
情景10		半个实验期	

5.2.2　不同入河污染负荷情景下的模拟结果

1.不同排污量情景的模拟结果

运用构建的水闸调控影响模型对情景 1、情景 3、情景 5、情景 7 和情景 10 进行模拟计算，将各种情景下闸后断面污染物（COD 和 NH₃-N）浓度的计算结果进行比较，具体情况如表 5.3 所示。

表 5.3　不同排污量情景模拟结果

情景	入流断面浓度最大值/（mg/L）		出流断面浓度最大值/（mg/L）		水质浓度变化率/%
	COD	NH₃-N	COD	NH₃-N	
情景1	3.58	0.303	3.327	0.141	30.27
情景3	10.74	0.909	7.183	0.552	36.20
情景5	17.90	1.515	11.388	0.887	38.92
情景7	25.06	2.121	15.593	1.209	40.39
情景10	35.80	3.030	21.900	1.724	40.96

注：水质浓度变化率是指闸下出流断面的污染物浓度相对于入流断面污染物浓度的变化量。

由表 5.3 可知，情景 1、情景 3、情景 5、情景 7 和情景 10 下闸后断面污染物（COD 和 NH₃-N）浓度逐渐变大，即当排污量增加时，闸后断面 COD 浓度和 NH₃-N 浓度明显增加，当排污量增大 10 倍时，出流断面 COD 和 NH₃-N 的浓度分别是原来的 6.6 倍和 12 倍。可见，虽然污染物随着水流向下游迁移的过程中，由于扩散、沉降、降解等作用，污染物的浓度有一定的减小，但高浓度的入河污染负荷还是会对下游水体产生严重的污染。另外，从水质浓度变化率来看，排污量越大，其值越大；但当排污量增大到原来的 7～10 倍时，水质浓度变化率的增加不显著，变化范围为 40.39%～40.96%。

2.不同排污时间情景的模拟结果

运用构建的水闸调控影响模型对情景 4 进行模拟计算，然后将其闸后断面出水体污染物（COD 和 NH₃-N）浓度与情景 3 进行比较，如图 5.4 所示。

由图 5.4 可知，半个实验期与整个实验期的模拟计算结果有明显的不同。在排污条件下，闸后断面污染物（COD 和 NH₃-N）浓度较高，停止向水体排污后，闸后断面污染物（COD 和 NH₃-N）浓度显著下降。半个实验期的闸后断面 COD 平均浓度为 6.17 mg/L，NH₃-N 平均浓度为 0.33 mg/L；而整个实验期的闸后断面 COD 平均浓度为 8.33 mg/L，NH₃-N 平均浓度为 0.55 mg/L；两种污染物（COD 和 NH₃-N）浓度变化率分别相差 30% 和 39%。可见，排污时间越长，河流受到的污染越严重。

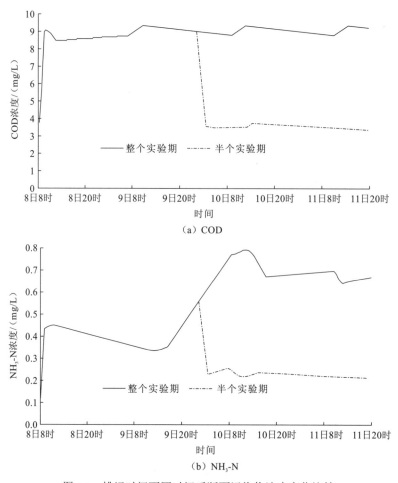

（a）COD

（b）NH₃-N

图 5.4 排污时间不同时闸后断面污染物浓度变化比较

5.2.3 入河污染负荷对水质变化的影响分析

对上述情景模拟结果进行分析可知，在一定的时间内，虽然污染物在水体中会由于稀释、沉降、扩散、吸附等作用，其浓度有一定的消减，但是随着来水污染物浓度的变大，闸后断面水体的污染物浓度也会有明显的增加，且高浓度的入河污染负荷持续时间越长，闸后断面水体的污染物浓度越大，下游河道水体受到的污染越严重。可见，入河污染负荷对河流水体污染物浓度变化有明显的影响。另外，在入河污染负荷较高时，通过对水闸调度情景的模拟及对比分析发现，水质浓度变化率变化不大，即水闸调控对河流水质浓度的影响是有限的，入河污染负荷过大将会严重污染下游河道。

5.3　闸控河流水质主要影响因子识别及量化关系构建

5.3.1　闸控河流水质浓度变化率主要影响因子识别

　　水质浓度变化率是反映同一水体在经过闸坝前后其浓度所发生的变化。构建水质浓度变化率与主要影响因子的量化关系，能清楚地看出闸坝通过哪种方式对水质浓度变化产生影响，定量分析主要影响因子的作用大小。闸控河段水质浓度的变化，受多个影响因子的作用，在综合考虑水闸调控对闸控水域水环境和水生态的影响的基础上，将影响因素分为水文因子、水环境因子和人工调控因子 3 个方面，其中水文因子主要是从河流水文要素的时空变化特征出发，选取了来水流量、闸前流速、闸前水深 3 个指标；水环境因子主要从影响污染物在河流中迁移转化的环境要素出发，选取了上游来水的水质浓度（下面简称"来水浓度"）、闸前水温、闸前 pH、闸前溶解氧（下面简称"溶解氧"）4 个指标，其中水温、pH 和溶解氧可间接反映水体中污染物降解作用的大小；人工调控因子主要从水闸调度对水流过程的综合影响角度出发，选取了闸门开度和开启个数 2 个指标。根据实验监测的水文、水质资料，以及文献检索和相关单位提供等多种方式获取的数据，构成了一个评价样本序列，该序列共有 10 组数据。采用偏相关分析方法来分析闸控河段溶解相 COD、TP 和 TN 浓度与影响因子的相关关系，识别影响较为显著的因子。

　　闸控河段水质浓度变化率 λ 的表达式为

$$\lambda = \frac{C_{下} - C_{上}}{C_{上}} \tag{5.1}$$

式中：$C_{上}$、$C_{下}$ 分别为闸控河段上游来水 I 断面处、下游出流 VII 断面处的水质浓度，mg/L。

　　根据槐店闸日常调度方式，针对选取的 3 种溶解相物质主要影响因子，设置不同的运行调度情景，分别构建每种物质与主要影响因子之间的量化关系。

　　根据偏相关分析的计算原理，固定其他影响因子的取值，改变其中一个影响因子，分析该因子与浓度变化率之间的相关性，并对所有影响因子与浓度变化率的相关性进行分析。指标间的相关程度用偏相关系数 r 的绝对值来表示，绝对值越接近 1，表明 2 个指标的相关程度越高；越接近于 0，则相关程度越低。三种物质浓度变化率与影响因子之间的偏相关系数及显著性如表 5.4～表 5.6 所示。

表 5.4　溶解相 COD 浓度变化率与影响因子偏相关系数及显著性

参数	来水流量 /（m³/s）	闸前流速 /（cm/s）	闸前水深 /m	来水浓度 /（mg/L）	闸前水温 /℃	闸前 pH	溶解氧 /（mg/L）	闸门开度 /cm	开启个数 /个
偏相关系数	−0.479	0.490	−0.751	−0.666	−0.736	0.946	−0.726	−0.592	0.962
显著性	0.682	0.969	0.460	0.536	0.473	0.035	0.483	0.597	0.033

表 5.5　溶解相 TP 浓度变化率与影响因子偏相关系数及显著性

参数	来水流量 / (m³/s)	闸前流速 / (cm/s)	闸前水深 /m	来水浓度 / (mg/L)	闸前水温 /℃	闸前 pH	溶解氧 / (mg/L)	闸门开度 /cm	开启个数 /个
偏相关系数	-0.240	0.916	-0.422	-0.896	0.950	0.023	0.872	-0.965	0.957
显著性	0.846	0.262	0.723	0.292	0.202	0.986	0.326	0.017	0.019

表 5.6　溶解相 TN 浓度变化率与影响因子偏相关系数及显著性

参数	来水流量 / (m³/s)	闸前流速 / (cm/s)	闸前水深 /m	来水浓度 / (mg/L)	闸前水温 /℃	闸前 pH	溶解氧 / (mg/L)	闸门开度 /cm	开启个数 /个
偏相关系数	0.990	-0.973	0.219	-0.967	0.973	-0.995	-0.552	0.642	0.169
显著性	0.022	0.148	0.860	0.163	0.033	0.017	0.628	0.556	0.892

由表 5.4 可知，闸前 pH 和开启个数与溶解相 COD 浓度变化率的相关性最强，其偏相关系数分别达到了 0.946 和 0.962，以上 2 个指标与浓度变化率的显著性水平均小于 0.05，符合显著性检验的要求。其次是闸前水深、来水浓度、闸前水温和溶解氧 4 个指标，偏相关系数分别为-0.751、-0.666、-0.736 和-0.726，它们与 COD 浓度变化率之间也具有一定的相关性，但其显著性检验结果大于 0.05，说明两者的差异较为显著、相关性不强。而来水流量、闸前流速和闸门开度 3 个指标的相关性较差，同时显著性检验也不符合要求。这主要是因为闸控河段来水容易在闸前蓄积，水深加大，水温和溶解氧含量出现分层，对污染物的降解产生影响，而 pH 相对水温和溶解氧来说对污染物降解作用的影响较强。闸门开启个数是闸门调度方式改变的体现，它的改变显著地影响下泄流量及对闸下底泥相物质的冲刷。因此，最终选取闸前 pH 和开启个数 2 个影响因子，构建与闸控河段溶解相 COD 浓度变化率的量化关系。

由表 5.5 可知，闸门开度和开启个数与溶解相 TP 浓度变化率的相关性最强，其偏相关系数分别达到了-0.965 和 0.957，以上 2 个指标与浓度变化率的显著性水平均小于 0.05，符合显著性检验的要求。其次是闸前水温、闸前流速、来水浓度和溶解氧 4 个指标，偏相关系数分别为 0.950、0.916、-0.896 和 0.872，它们与 TP 浓度变化率之间也具有一定的相关性，但其显著性检验结果大于 0.05，说明两者的显著性不强。而来水流量、闸前水深和闸前 pH 3 个指标的相关性较差，同时显著性检验也不符合要求。这主要是因为水体中溶解相 TP 浓度较小，伴随着迁移和扩散作用，来水流量和来水浓度对其浓度变化的影响较弱，同时溶解相 TP 的降解作用不明显。受闸前水深影响，与降解作用有关的闸前水温、闸前 pH 与溶解相 TP 浓度变化率的相关性和显著性较差。因此，最终选取闸门开度和开启个数 2 个影响因子，构建与闸控河段溶解相 TP 浓度变化率的量化关系。

由表 5.6 可知，来水流量、闸前水温和闸前 pH 与溶解相 TN 浓度变化率的相关性最强，其偏相关系数分别达到了 0.990、0.973 和-0.995，以上 3 个指标与浓度变化率的显著性水平均小于 0.05，符合显著性检验的要求。其次是闸前流速、来水浓度 2 个指标，偏相关系数分别为-0.973 和-0.967，它们与 TN 浓度变化率之间也具有一定的相关性，但其显著性检验结果大于 0.05，说明两者显著性不强。其余 4 个指标的相关性较差，同时显著性检验也不符合要求。这主要是因为溶解相 TN 除在闸前受到与溶解相 COD 和 TP 相同的作用外，还受到矿化作用、硝化作用和反硝化作用的影响，这些反应受来水流量、闸前水温和闸前 pH 的影响非常明显。因此，最终选取来水流量、闸前水温和闸前 pH 3 个影响因子，构建与闸控河段溶解相 TN 浓度变化率的量化关系。

5.3.2 溶解相 COD 与主要影响因子量化关系构建

1. 情景设置

根据槐店闸常年调度监测数据及 4 次现场调度实验监测数据，设置以下情景来模拟分析 COD 浓度变化率及构建与主要影响因子的量化关系。同时将闸前 pH 对应的闸门调度方式设置 18 孔开启 20 cm 和 80 cm，闸门不同开启个数对应的闸门开度也为 20 cm 和 80 cm，情景设置如表 5.7 所示。

表 5.7 模拟情景设置

情景	闸前pH	开启个数/个
情景1	6	4
情景2	7	8
情景3	8	12
情景4	9	18

运用构建的数学模型对各情景下的 COD 浓度进行模拟计算，并根据模拟结果计算不同情景下的水质浓度变化率，分别将主要影响因子作为横坐标，水质浓度变化率作为纵坐标，绘制水质浓度变化率与主要影响因子的关系曲线，如图 5.5 所示。

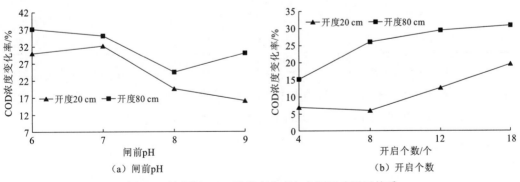

图 5.5 溶解相 COD 浓度变化率与主要影响因子关系

2.量化关系构建

对图 5.5 中的曲线进行拟合发现，溶解相 COD 浓度变化率与闸前 pH 和闸门开启个数之间有对数和多项式的函数关系，其表达式为

$$\lambda = m\ln x_1 + n \tag{5.2}$$

$$\lambda = a x_2^2 + b x_2 + c \tag{5.3}$$

式中：λ 为水质浓度变化率；x_1、x_2 分别为闸前 pH 和闸门开启个数；a、b、c、m、n 分别为与闸前 pH 和开启个数有关的参数，其参考值如表 5.8 所示。

表 5.8　参数的参考值

闸门开度/cm	闸门 pH 相关参数			开启个数相关参数			
	m	n	R^2	a	b	c	R^2
20	−10.900	32.850	0.733	2.022	−5.717	10.050	0.997
80	−6.510	37.250	0.560	−2.012	14.370	4.592	0.990

5.3.3　溶解相 TP 与主要影响因子量化关系构建

1.情景设置

根据槐店闸常年调度监测数据及 4 次现场调度实验监测数据，设置以下情景来模拟分析 TP 浓度变化率及构建与主要影响因子的量化关系，情景设置如表 5.9 所示。

表 5.9　模拟情景设置

情景	闸门开度/cm	开启个数/个
情景1	10	4
情景2	20	8
情景3	40	12
情景4	80	18

运用构建的数学模型对各情景下的 TP 浓度进行模拟计算，并根据模拟结果计算不同情景下的水质浓度变化率，分别将主要影响因子作为横坐标，水质浓度变化率作为纵坐标，绘制水质浓度变化率与主要影响因子的关系曲线，如图 5.6 所示。

2. 量化关系构建

对图 5.6 中的曲线进行拟合发现，溶解相 TP 浓度变化率与闸门开度和闸门开启个数之间有对数的函数关系，其表达式为

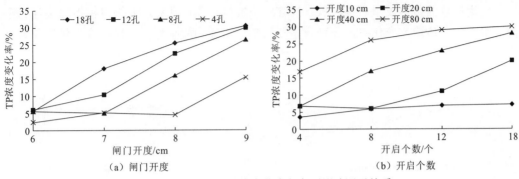

图 5.6 溶解相 TP 浓度变化率与主要影响因子关系

$$\lambda = a \ln x_1 + b \qquad (5.4)$$

$$\lambda = m \ln x_2 + n \qquad (5.5)$$

式中：λ 为水质浓度变化率；x_1、x_2 分别为闸门开度和闸门开启个数；a、b、m、n 分别为与闸门开度和闸门开启个数有关的参数，其参考值如表 5.10 所示。

表 5.10 参数的参考值

闸门开度/cm	a	b	R^2	开启个数/个	m	n	R^2
10	3.410	3.095	0.952	4	8.287	1.500	0.682
20	8.522	4.183	0.687	8	14.060	2.762	0.765
40	15.620	6.326	0.999	12	16.440	4.759	0.906
80	10.170	17.620	0.960	18	17.250	7.658	0.991

5.3.4 溶解相 TN 与主要影响因子量化关系构建

1. 情景设置

根据槐店闸常年调度监测数据及 4 次现场调度实验监测数据，设置不同情景来模拟分析 TN 浓度变化率及构建与主要影响因子的量化关系。3 个影响因子对应的闸门调度方式设置为 18 孔开启 20 cm 和 80 cm，情景设置如表 5.11 所示。

表 5.11 模拟情景设置

情景	来水流量/（m³/s）	闸前水温/℃	闸前pH
情景1	50	10	6
情景2	100	15	7
情景3	150	20	8
情景4	200	30	9

运用构建的数学模型对各情景下的 TN 浓度进行模拟计算，并根据模拟结果计算不同情景下的水质浓度变化率，分别将主要影响因子作为横坐标，水质浓度变化率作为纵坐标，绘制水质浓度变化率与主要影响因子的关系曲线，如图 5.7 所示。

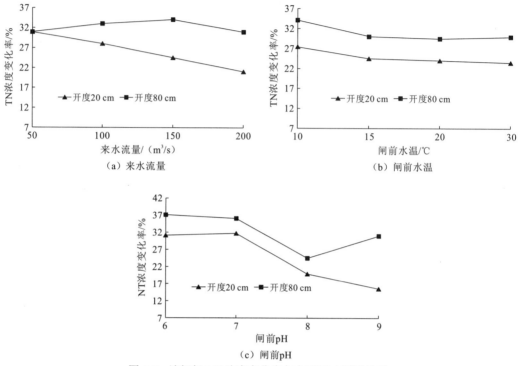

图 5.7　溶解相 TN 浓度变化率与主要影响因子关系

2.量化关系构建

对图 5.7 中的曲线进行拟合发现，溶解相 TN 浓度变化率与来水流量、闸前水温和闸前 pH 之间有幂函数、指数和对数的关系，其表达式为

$$\lambda = j\mathrm{e}^{kx_1} \tag{5.6}$$

$$\lambda = ax_2^b \tag{5.7}$$

$$\lambda = m\ln x_3 + n \tag{5.8}$$

式中：λ 为水质浓度变化率；x_1、x_2、x_3 分别为来水流量、闸前水温和闸前 pH；j、k、a、b、m、n 分别为与来水流量、闸前水温和闸前 pH 有关的参数，其参考值如表 5.12 所示。

表 5.12　参数的参考值

闸门开度 /cm	来水流量相关参数			闸前水温相关参数			闸前 pH 相关参数		
	j	k	R^2	a	b	R^2	m	n	R^2
20	35.72	−0.13	0.996	27.070	−0.130	0.856	−10.900	32.940	0.733
80	31.37	−0.001	0.448	32.910	−0.100	0.837	−6.610	37.490	0.554

5.3.5　闸控河流水质浓度综合变化率量化关系构建

本小节以沙颍河干流上的槐店闸作为研究对象，研究水质浓度综合变化率与闸门调度方式、入河污染负荷之间的复杂非线性关系，进而构建闸控河段（水闸上下游河段）水质浓度-闸门调度方式、水质浓度-入河污染负荷之间的量化关系。

为此，引入闸控河段水质浓度综合变化率 λ_z，其表达式为

$$\lambda_z = \left(\sum_{i=1}^{n} \frac{C_{\perp i} - C_{\top i}}{C_{\perp i}} \right) \bigg/ n \qquad (5.9)$$

式中：$C_{\perp}$、$C_{\top}$ 分别为闸控河段上游来水断面、下游出流断面的水质浓度；i 为第 i 种污染物；n 为污染物类型的个数。

1. 水闸调度与水质浓度综合变化率的量化关系构建

为了建立水闸调度与水质浓度综合变化率之间的量化关系，将表 5.1 中水闸调度情景 1～16 的模拟结果代入式（5.9），计算各情景下水质浓度综合变化率，具体情况如表 5.13 所示。

表 5.13　不同调度方式下的水质浓度综合变化率

闸门开度/cm	开启方式			
	全开 18 孔	集中 14 孔	集中 10 孔	集中 6 孔
20	12.51%	14.42%	17.38%	23.20%
40	8.10%	9.96%	12.13%	16.04%
60	3.87%	7.16%	9.76%	13.13%
80	0.51%	3.91%	7.88%	11.40%

将闸门开度、闸门开启个数作为横坐标，水质浓度综合变化率作为纵坐标，绘制水质浓度综合变化率与调度方式的关系曲线，如图 5.8 所示。

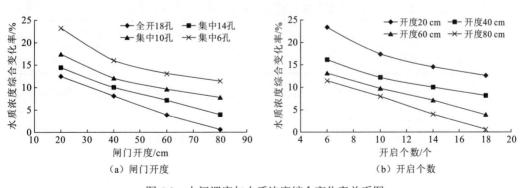

图 5.8　水闸调度与水质浓度综合变化率关系图

对图 5.8（a）和（b）中的曲线拟合发现，水质浓度综合变化率与闸门开度、闸门开启个数之间有乘幂的函数关系，其表达式为

$$\lambda_z = a_1 \cdot x_1^{b_1} \tag{5.10}$$

$$\lambda_z = a_2 \cdot x_2^{b_2} \tag{5.11}$$

式中：λ_z 为水质浓度综合变化率；x_1 为闸门开度大小，cm；x_2 为闸门开启个数，个；a_1、b_1 分别为与闸门开度有关的参数，a_2、b_2 分别为与闸门开启方式有关的参数，其参考值如表 5.14 所示。

表 5.14   参数 a_1、b_1、a_2、b_2 的参考值

闸门开启方式	全开（18 孔）	集中（14 孔）	集中（10 孔）	集中（6 孔）
a_1	100.13	104.18	104.35	95.041
b_1	−0.268 4	−0.259 7	−0.236 2	−0.179 4
闸门开度	20 cm	40 cm	60 cm	80 cm
a_2	77.372	80.376	77.176	72.898
b_2	−0.185 1	−0.264 5	−0.290 3	−0.296 3

由表 5.14 可知，随着闸门开度的增大或开启个数的增多，水质浓度综合变化率变小。从成因上分析，当上游来水条件一定时，闸门开启个数增加或开度增大，会使过闸流量增大、水体流速变快，对河道底泥的冲刷作用加强，再悬浮作用超越沉降作用、降解作用而成为主导反应过程，并使得内源污染的再悬浮量加大，闸后出流断面的水质浓度增加，故而水质浓度综合变化率减小；反之亦然。另外，根据水动力模拟结果和水质监测实验的结果分析，也得出了相类似的结论，说明情景分析的结果符合实际情况。

2. 入河污染负荷与水质浓度综合变化率的量化关系构建

按照构建水闸调度与水质浓度综合变化率量化关系的思路，对实验期入河污染负荷及其 3 倍、5 倍、7 倍、10 倍的入河污染负荷条件下的水质浓度综合变化率进行计算，结果如表 5.15 所示。

表 5.15   不同入河污染负荷时污染物的水质浓度综合变化率

入河污染负荷	1 倍	3 倍	5 倍	7 倍	10 倍	备注
水质浓度综合变化率/%	0.51	12.60	20.05	29.33	28.1	闸门全开 80 cm

将实验期入河污染倍数作为横坐标，水质浓度综合变化率作为纵坐标，构建入河污染负荷与水质浓度综合变化率的关系图，如图 5.9 所示。

对关系曲线拟合发现，入河污染负荷与水质浓度综合变化率呈对数关系，表达式为

$$\lambda_z = c \ln S + d \tag{5.12}$$

式中：λ_z 为水质浓度综合变化率；S 为入河污染负荷，mg/L；c、d 为与入河污染负荷有关的参数，其参考值分别为 2.33、4.53。

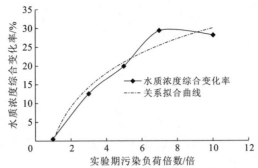

图 5.9　入河污染负荷与水质浓度综合变化率关系图

由表 5.15 和图 5.9 可知，随着入河污染负荷的增加，水质浓度综合变化率逐渐稳定，这与模型模拟的结果分析和污染负荷对河流水质的影响规律较符合。可见，用上述函数关系来描述入河污染负荷与河流水质浓度变化有一定的合理性。

5.4　其他水闸水质浓度综合变化率的量化关系

将构建的槐店闸水质浓度影响因子与水质浓度综合变化率的量化关系应用到沙颍河干流上的周口闸、界首闸、阜阳闸和颍上闸，分别构建其水闸调度-水质浓度综合变化率量化关系和入河污染负荷-水质浓度综合变化率量化关系。

5.4.1　周口闸的计算结果与量化关系

在槐店闸调度情景设计的基础上，根据周口闸运行特点，闸门开启个数方面增加集中开启 12 孔、集中开启 8 孔和集中开启 4 孔三个情景，而闸门开度方面增加 30 cm 一个情景。入河污染负荷情景在原有基础上增加实验期 1.5 倍和 2 倍两个情景。

周口闸各种情景下水质浓度综合变化率如表 5.16 所示，水质浓度综合变化率与水闸调度方式、入河污染负荷的关系曲线如图 5.10 所示。

表 5.16　周口闸各种情景下的水质浓度综合变化率

闸门开度/cm	水质浓度综合变化率/%	闸门开启个数/个	水质浓度综合变化率/%	污染负荷/倍	水质浓度综合变化率/%
20	41.88	14	17.30	1	24.22
30	32.58	12	18.55	1.5	24.89
40	26.62	10	21.22	2	25.45
60	20.42	8	24.44	3	25.81
80	17.30	6	29.84	5	26.13
—	—	4	39.01	7	26.26
—	—	—	—	10	26.32

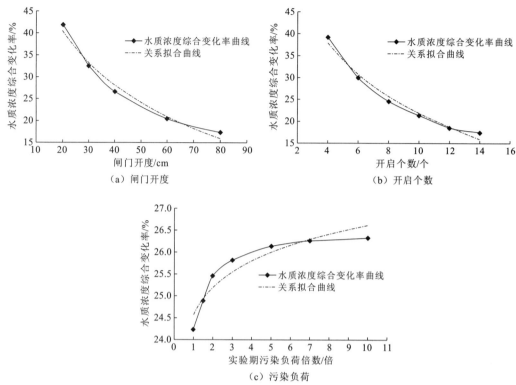

图 5.10　周口闸水闸调度、入河污染负荷与水质浓度综合变化率关系图

5.4.2　界首闸的计算结果与量化关系

　　界首闸的水闸调度情景和入河污染负荷情景与周口闸基本一致。其各种情景的水质浓度综合变化率如表 5.17 所示，水质浓度综合变化率与水闸调度方式、入河污染负荷的关系曲线如图 5.11 所示。

表 5.17　界首闸各种情景下的水质浓度综合变化率

闸门开度/cm	水质浓度综合变化率/%	闸门开启个数/个	水质浓度综合变化率/%	污染负荷/倍	水质浓度综合变化率/%
20	20.49	12	19.46	1	25.45
30	20.29	10	19.41	1.5	26.18
40	20.23	8	19.73	2	26.61
60	19.50	6	20.06	3	26.86
80	19.46	4	20.47	5	27.11
—	—	—	—	7	27.24
—	—	—	—	10	27.36

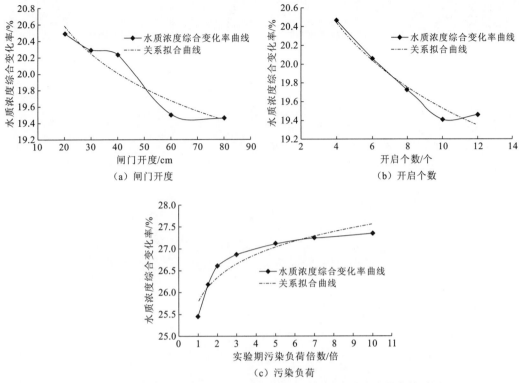

图 5.11　界首闸水闸调度、入河污染负荷与水质浓度综合变化率关系图

5.4.3　阜阳闸的计算结果与量化关系

阜阳闸调度情景和污染物负荷情景与界首闸完全一致。其各种情景的水质浓度综合变化率如表 5.18 所示，水质浓度综合变化率与水闸调度方式、入河污染负荷的关系曲线如图 5.12 所示。

表 5.18　阜阳闸各种情景下的水质浓度综合变化率

闸门开度/cm	水质浓度综合变化率/%	闸门开启个数/个	水质浓度综合变化率/%	污染负荷/倍	水质浓度综合变化率/%
20	9.36	12	3.08	1	25.45
30	8.29	10	4.53	1.5	25.82
40	7.12	8	5.71	2	26.34
60	5.65	6	7.75	3	26.63
80	3.96	4	9.36	5	27.01
—	—	—	—	7	27.14
—	—	—	—	10	27.18

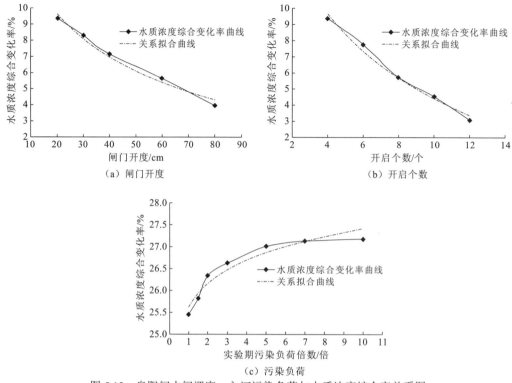

图 5.12 阜阳闸水闸调度、入河污染负荷与水质浓度综合率关系图

5.4.4 颍上闸的计算结果与量化关系

与槐店闸相比，由于颍上闸的闸门个数较多，其闸坝调控情景中增加了集中开启 20 孔、开启 8 孔、开启 4 孔三个情景。其各种情景的水质浓度综合变化率如表 5.19 所示，水质浓度综合变化率与水闸调度方式、入河污染负荷的关系曲线如图 5.13 所示。

表 5.19 颍上闸各种情景下的水质浓度综合变化率

闸门开度/cm	水质浓度综合变化率/%	闸门开启个数/个	水质浓度综合变化率/%	污染负荷/倍	水质浓度综合变化率/%
20	18.15	18	14.25	1	25.99
30	16.54	16	14.56	1.5	26.54
40	15.67	12	15.28	2	26.68
60	14.56	10	16.30	3	27.04
80	13.63	8	17.05	5	27.11
—	—	6	18.24	7	27.24
—	—	4	18.38	10	27.31

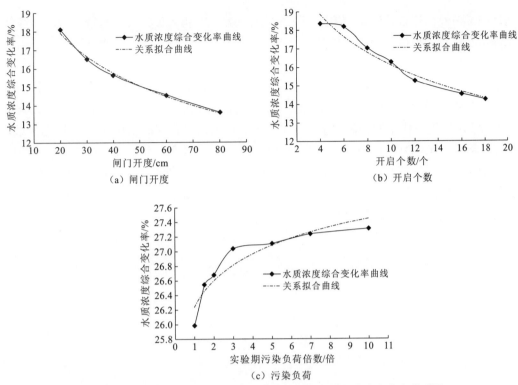

图 5.13　颍上闸水闸调度、入河污染负荷与水质浓度综合变化率关系图

上述四个闸的水质浓度综合变化率与其闸门开度、闸门开启个数、入河污染负荷的量化关系的数学表达式如表 5.20 所示。

表 5.20　水质浓度综合变化率与闸门调度方式、入河污染负荷之间关系表达式汇总表

闸坝名称	水质浓度综合变化率与闸门开度的关系	水质浓度综合变化率与闸门开启个数的关系	水质浓度综合变化率与污染物浓度倍数的关系
周口闸	$y = 289.64 x_1^{-0.645\,2}$	$y = 96.28 x_2^{-0.655\,2}$	$y = 0.885\,5 \ln x_3 + 24.565$
界首闸	$y = 23.25 x_1^{-0.041\,2}$	$y = 21.90 x_2^{-0.049\,3}$	$y = 0.760\,4 \ln x_3 + 25.814$
阜阳闸	$y = 106.06 x_1^{-0.789\,7}$	$y = 21.86 x_2^{-0.584\,3}$	$y = 0.777\,1 \ln x_3 + 25.617$
颍上闸	$y = 33.08 x_1^{-0.201\,9}$	$y = 24.07 x_2^{-0.171\,7}$	$y = 0.527\,2 \ln x_3 + 26.239$

注：表中 y 表示污染物综合消减率；x_1 表示闸门开度，cm；x_2 表示闸门开启个数，个；x_3 表示污染物浓度的倍数。

5.5　小　结

本章通过评估水闸调度和入河污染负荷对闸控河流水质的影响可知，水闸的存在及闸坝不同的调度方式使得河流中污染物迁移转化过程更加复杂，对污染物浓度的时空分布有不可忽视的影响，并且合理的水闸调度可以使水体中污染物浓度有一定的减少；入

河污染负荷对河流水体污染物浓度变化有明显的影响。但入河污染负荷较高时，通过对水闸调度情景的模拟及对比分析发现，水质浓度变化率变化不大，即水闸调控对河流水质浓度的影响是有限的，入河污染负荷过大将会严重污染下游河道。另外，通过闸控河段水质浓度影响因子识别，识别了影响闸控河段 COD 浓度变化率的关键因子是闸前 pH 和开启个数，影响闸控河段 TP 浓度变化率的关键因子是闸门开度和开启个数，影响闸控河段 TN 浓度变化率的关键因子是来水流量、闸前水温和闸前 pH；设置不同的情景，构建了溶解相 COD、TP 和 TN 与关键影响因子的量化关系。将构建的槐店闸水质浓度关键影响因子与河流水质浓度综合变化率的量化关系应用到沙颍河干流上的周口闸、界首闸、阜阳闸和颍上闸，分别构建其水闸调度-水质浓度综合变化率量化关系和入河污染负荷-水质浓度综合变化率量化关系。

第 6 章

水闸调度对水质改善的可调性

随着水闸的数量及规模的不断发展，水闸对河流水环境的影响越来越明显。然而不合理的水闸调度方式会使下游河道受到严重污染，合理的水闸调度方式可以最大限度地利用水体纳污能力，进一步地改善河流水质。厘清水闸调度有效改善河流水质的可能性是进行水闸科学调度的基础，因此在闸控河段水质转化机理、水闸调度影响模型及量化关系研究的基础上，本章将开展水闸调度对河流水质改善的可调性识别方法的研究，其结果对实现水闸科学调度、改善河流水环境状况具有一定的指导意义。

6.1　可调性的界定

"可调性"一词在很多学科都有应用,如暖通空调系统中管网阀门的可调性、柴油机的气门可调性等。而本节对"可调性"的概念及内涵重新进行界定,用来描述闸坝调度有效改善河流水质的可能性。

1.可调性定义

本节将水闸调度对水质改善的可调性定义为:通过对水闸等挡水建筑物的人工调蓄,河流、湖泊等水体的水流情势和自净能力发生改变,进而有效改善水质状况的可能性。如果通过水闸的调度,河流水质得到明显的改善,称水闸"可调性高";如果水闸调度不能使河流水质有一定的改善,称水闸"无可调性"。

2.可调性的内涵

按照以下三点对可调性的内涵进行界定。

(1)水闸规模和调蓄能力不同,其可调性不同。水闸越大,蓄水库容越大,水闸对下游河段水流情况的总的控制作用越大,则水闸调度对下游河段水质的改善作用可能就越大。

(2)同一水闸在不同时期、不同来水条件及不同污染负荷条件下对河流水质的改善状况也是不同的。如汛期水闸可调蓄水量大,水闸的调蓄作用对水质污染负荷的消减能力强,水闸的可调性较好;水闸来水水质较好时,水闸可以通过控制下泄流量来改善河道水质,水闸的可调性较好。

(3)可调性是在水闸调度调蓄基础上,识别其对水质污染负荷的最大消减能力,进而判别其是否具备调蓄的可能性。

6.2　可调性判别方法

6.2.1　总体思路

从可调性的定义及其内涵可知,水闸对水质改善的可调性不仅与其自身的规模和调蓄能力有关,还与不同来水条件(丰、平、枯等不同保证率)、不同污染负荷条件息息相关。因此,对水闸的可调性进行判别有如下思路。

第一,对水闸库容和过闸流量等基本特征进行调查分析,识别水闸对水流的调蓄能力大小。

第二,从可调性概念出发,选取污染负荷消减潜力作为判别水闸调度改善河流水质的可调性综合判别指标,该指标既能反映来水条件及污染负荷对河流水质浓度变化的影响,又兼顾了水闸调度的影响，且计算简单，易于量化计算，指标数据可通过模拟计算获得。

污染负荷消减潜力 θ 的表达式为

$$\theta = \frac{\lambda}{\lambda_m} \qquad (6.1)$$

式中：λ 为水闸现状调度方式下的水质浓度变化率；λ_m 为水闸调度最大水质浓度变化率，其值由水闸调度与水质浓度变化率关系曲线得到。

第三，可调性是在水闸调度调蓄的基础上判别其是否具有水质污染负荷消减的能力，因此情景设计是可调性判别中非常重要的一个环节。评估水闸调度有效改善河流水质状况的可调性，主要是通过情景模拟及对比分析。为此需要在一定的来水条件（如 20%、50%、75%等不同保证率）及污染负荷条件下，设计多种水闸调度情景。

第四，利用已构建的水闸调度影响模型对上述水闸调控情景进行模拟，得出各种情景下的水质浓度变化过程，为判别水闸调度有效改善水质的可能性提供资料支撑。

第五，由各种情景下的水质浓度变化过程计算得出水质浓度变化率，并进一步求出污染负荷消减潜力值，进而参照可调性判别标准判别水闸调度对水质改善的可调性级别。

6.2.2　判别指标的选取及计算

1.判别指标选取

水闸调度对水质改善的可调性是由水闸规模、水闸调度方式、来水水量（丰、平、枯不同保证率来水）及来水水质决定的，而水闸调度是否存在使下游水质得到改善的可能性，主要是通过对水闸现状调度方式下闸控河段水质浓度变化率与最大闸控河段水质浓度变化率的比较，评估其污染负荷的消减潜力。因此，本小节选取污染负荷消减潜力作为水闸调度可调性判别的一级指标，该指标具有易于理解、便于定性、定量描述、计算简单、指标数据可通过模拟计算获得等特点（蔡守华 等，2003）。在这一指标下，选择现状水质浓度变化率 λ 和最大水质浓度变化率 λ_m 两个二级指标。二级指标中分别包含了多个变量，如表 6.1 所示。

表 6.1　可调性判别指标

一级指标	二级指标	变量
污染负荷消减潜力	现状水质浓度变化率	闸坝上游来水污染物浓度
		闸坝下游出流污染物浓度
	最大水质浓度变化率	闸门调度方式
		来水条件

2.指标计算

指标的计算分为三步：首先，通过构建的水闸调度影响模型模拟计算得到表 6.1 中的变量；然后，分别计算二级指标中的现状水质浓度变化率和最大水质浓度变化率；最后，根据式 6.1 求得一级指标，即污染负荷消减潜力。

6.2.3 判别标准

当污染负荷消减潜力 θ 小于 0 时，如污染负荷为 10 t，槐店闸闸门全开 80 cm 调度方式下的污染负荷消减潜力 θ 为-3.41，这说明水闸下游断面污染物浓度大于上游断面，下游河道水体中污染物浓度增加，造成水质恶化，所以该调度方式不具备消减污染负荷的能力，无可调性。当污染负荷消减潜力 θ 大于 0 时，各种情景模拟结果的污染负荷消减潜力 θ 介于 0.3～1.0，这说明水闸调度对污染负荷有一定的消减潜力，即水闸调度具备对水质改善的可调性，但不同水闸调度方式对河流水质改善的程度不同，即可调性级别不同。

通过以上分析，水闸调度对水质改善可调性的判别主要是依据污染负荷消减潜力的正负、大小对可调性进行判别和级别的划分，具体为：当 $\theta \leq 0$ 时，水闸调度无可调性；当 $\theta > 0$，即水闸调度有可调性时，若 $0 < \theta \leq 0.3$，则水闸可调性"很高"，若 $0.3 < \theta \leq 0.5$，则水闸可调性"高"，若 $0.5 < \theta \leq 0.7$，则水闸可调性"中"，若 $0.7 < \theta \leq 1.0$，则水闸可调性"低"，如表 6.2 所示。

表 6.2 可调性判别标准

污染负荷消减潜力 θ	$\theta \leq 0$	$\theta > 0$			
		$0 < \theta \leq 0.3$	$0.3 < \theta \leq 0.5$	$0.5 < \theta \leq 0.7$	$0.7 < \theta \leq 1.0$
可调性	无	很高	高	中	低

在求得各种情景下的污染负荷消减潜力值后，根据上述标准对水闸调度对水质改善的可调性进行判别。

6.3 重点水闸的可调性判别

水闸调度情景的设计是水闸对水质改善的可调性判别的重要环节，可调性主要通过对大量情景模拟结果的对比分析得到。因此，在实际来水情况下，进一步设置不同的水闸调度情景，计算判别各重点水闸的可调性大小。

6.3.1 水闸调度情景设计

首先，设计多种水闸调度、污染负荷样本集，主要是根据水闸调度规则，闸门开度调度范围为 0～100 cm，设计闸门开度为 20 cm、40 cm、60 cm、80 cm 四种情况，开启方式为闸门全开式（18 孔）；污染负荷样本集根据多年沙颍河污染负荷资料设计了 10 t、20 t、30 t 三个样本元素。然后，分别在不同样本集中抽取样本元素进行组合生成大量水闸调度情景。水闸调度情景设计具体如表 6.3 所示。

表 6.3　水闸调控情景设计

水闸调控情景	污染负荷/t	闸门开度/cm	闸门开启方式
情景 1		20	
情景 2	10	40	
情景 3		60	全开式（18 孔）
情景 4		80	
情景 5~8	30	同上	
情景 9~12	50	同上	

最后，将所设计的水闸调控情景带入水闸调度影响模型进行模拟计算。通过计算得到不同来水、来污条件下水闸设计运行方式时的水质浓度变化率 λ，进而根据可调性判别方法，判别水闸在不同来水污染负荷条件下，水闸调度对水质改善的程度，即可调性级别。

6.3.2　槐店闸可调性判别

从槐店闸的可调性判别结果来看：当污染负荷为 50 t 时，槐店闸在现状调度方式下污染负荷消减潜力为 0.37~0.47，对水质改善的可调性级别为"高"；当污染负荷为 30 t 时，槐店闸在现状调度方式下污染负荷消减潜力为 0.58~0.66，对水质改善的可调性级别为"中"；当污染负荷为 10 t 且闸门全开 80 cm 时，槐店闸的污染负荷消减潜力为-3.41，即其无对水质改善的可调性；槐店闸其他三种调度方式下的污染负荷消减潜力为 0.77~0.96，对水质改善的可调性为"低"。槐店闸的可调性判别结果如表 6.4 所示。

表 6.4　槐店闸可调性判别结果

情景设计		闸坝的可调性评估			
污染负荷/t	闸坝调度方式	设定调度方式下水质浓度变化率/%	水质浓度变化率最大值/%	污染负荷消减潜力评估	可调性等级
10	全开 20 cm	2.21	2.30	0.96	低
	全开 40 cm	1.86		0.81	低
	全开 60 cm	1.78		0.77	低
	全开 80 cm	−7.85		−3.41	无
30	全开 20 cm	13.41	20.28	0.66	中
	全开 40 cm	12.52		0.62	中
	全开 60 cm	12.21		0.60	中
	全开 80 cm	11.77		0.58	中
50	全开 20 cm	20.90	44.88	0.47	高
	全开 40 cm	18.62		0.41	高
	全开 60 cm	18.55		0.41	高
	全开 80 cm	16.88		0.37	高

6.3.3 周口闸可调性判别

1.周口闸概况

周口闸位于河南省周口市,沙颍河支流贾鲁河在此汇入沙颍河干流。周口闸建成于1975年,是沙颍河上游重要水利枢纽工程,为大(II)型工程,具有灌溉、供水等主要功能。由于贾鲁河水质较差,周口闸还具有重要的污水控制作用。周口闸具有浅孔闸14孔,深孔闸10孔,其宽×高尺寸分别为6.0 m×9.0 m、6.0 m×10.15 m。周口闸设计水位为50.39 m,设计流量为1 520 m³/s,最大泄流量为3 200 m³/s。周口闸的长为250 m,宽为20 m,蓄水量为3 500万 m³,引水量为3 831万 m³。

2.周口闸的可调性

从周口闸的可调性判别结果来看:当污染负荷为50 t时,周口闸在现状调度方式下污染负荷消减潜力为0.44~0.49,对水质改善的可调性"高";当污染负荷为30 t时,周口闸在现状调度方式下的污染负荷消减潜力0.55~0.64,对水质改善的可调性级别为"中";当污染负荷为10 t且闸门全开80 cm时,周口闸的污染负荷消减潜力为-0.76,即其无对水质改善的可调性;其他三种调度方式下的污染负荷消减潜力0.72~0.97,对水质改善的可调性"低"。周口闸的可调性判别结果如表6.5所示。

表6.5 周口闸可调性判别结果

情景设计		水闸的可调性评估			
污染负荷/t	闸坝调度方式	设定调度方式下水质浓度变化率/%	水质浓度变化率最大值/%	污染负荷消减潜力评估	可调性等级
10	全开20 cm	2.65	2.72	0.97	低
	全开40 cm	2.13		0.78	低
	全开60 cm	1.97		0.72	低
	全开80 cm	−2.08		−0.76	无
30	全开20 cm	13.01	19.26	0.64	中
	全开40 cm	12.16		0.60	中
	全开60 cm	11.72		0.58	中
	全开80 cm	11.05		0.55	中
50	全开20 cm	19.54	40.24	0.49	高
	全开40 cm	19.03		0.47	高
	全开60 cm	18.42		0.46	高
	全开80 cm	17.87		0.44	高

6.3.4　阜阳闸可调性判别

1. 阜阳闸概况

阜阳闸位于安徽省阜阳市颍泉区沙颍河三里湾泉河入汇口下游 500 m 处，是具有航运、灌溉、防洪排涝、交通运输等功能的大（II）型枢纽工程。受颍上闸的调度影响，阜阳闸的下泄流量及水质对淮河干流防洪、水质情况均有较大影响。阜阳闸控制流域面积为 35 143 km²，由节制闸、船闸、拦河坝等主体工程组成。主坝坝长为 150 m，顶宽为 15 m，阜阳闸共有闸门 12 孔，其中深孔 4 孔分设上、下两层孔口；深孔闸底板高程为 20.5 m，浅孔闸底板高程为 25.0 m，设计流量为 3 000 m³/s。浅孔门采用卷扬式启闭机，共 8 台；深孔门采用液压启闭机，共 4 台。设计蓄水位为 30.0 m。因工程存在问题，闸上汛期水位为 27.0～28.5 m，非汛期水位为 27.5～29.0 m。

2. 阜阳闸的可调性

从阜阳闸的可调性判别结果来看：当污染负荷为 50 t 时，阜阳闸在现状调度方式下污染负荷消减潜力为 0.44～0.49，对水质改善的可调性"高"；当污染负荷为 30 t 时，阜阳闸在现状调度方式下的污染负荷消减潜力为 0.59～0.67，对水质改善的可调性级别为"中"；当污染负荷为 10 t 且闸门全开 80 cm 时，阜阳闸的污染负荷消减潜力为–0.06，即其无对水质改善的可调性；其他三种调度方式下的污染负荷消减潜力为 0.88～0.96，对水质改善的可调性"低"。阜阳闸的可调性判别结果如表 6.6 所示。

表 6.6　阜阳闸可调性判别结果

情景设计		水闸的可调性评估			
污染负荷/t	闸坝调度方式	设定调度方式下水质浓度变化率/%	水质浓度变化率最大值/%	污染负荷消减潜力评估	可调性等级
10	全开 20 cm	1.82	1.89	0.96	低
	全开 40 cm	1.75		0.93	低
	全开 60 cm	1.67		0.88	低
	全开 80 cm	–0.12		–0.06	无
30	全开 20 cm	10.13	15.17	0.67	中
	全开 40 cm	9.69		0.64	中
	全开 60 cm	9.22		0.61	中
	全开 80 cm	8.89		0.59	中
50	全开 20 cm	18.78	38.65	0.49	高
	全开 40 cm	18.26		0.47	高
	全开 60 cm	17.94		0.46	高
	全开 80 cm	17.11		0.44	高

6.3.5 颍上闸可调性判别

1.颍上闸概况

颍上闸位于安徽省阜阳市颍上县城东 3 km 处，是沙颍河水系入淮前最后一级控制性大型水闸。颍上闸始建于 1959 年，1962 年停建，1981 年续建竣工，是以防洪、防污、排涝、灌溉等为主要功能的水利工程。工程通过拦蓄、调节沙颍河水系上游来水，降低淮河干流防洪压力，并控制沙颍河水系的污水下泄，确保下游及淮河干流用水安全。颍上闸闸上流域面积为 5360 km^2，颍上闸正常蓄水位为 23.50～24.50 m，最高蓄水位为 25.00 m，警戒水位为 26.0 m，保证水位闸上 28.26 m、闸下 27.97 m。颍上闸闸室结构为开敞式闸，室长 17 m、高 10.5 m，闸底高程 19 m，堤顶高程 31.50 m；共有闸门 24 孔，平板钢闸门，单孔净宽 5.0 m，门高 6 m。颍上闸距下游淮河干流入河口处约 35 km，其过水能力为 4200 m^3/s。

2.颍上闸的可调性

从颍上闸的可调性判别结果来看：当污染负荷为 50 t 时，颍上闸在现状调度方式下污染负荷消减潜力为 0.41～0.44，对水质改善的可调性"高"；当污染负荷为 30 t 时，颍上闸在现状调度方式下的污染负荷消减潜力为 0.51～0.58，对水质改善的可调性级别为"中"；当污染负荷为 10 t 且闸门全开 80 cm 时，颍上闸的污染负荷消减潜力为 -5.00，即其无对水质改善的可调性；其他三种调度方式下的污染负荷消减潜力为 0.72～0.86，对水质改善的可调性"低"。颍上闸的可调性判别结果如表 6.7 所示。

表 6.7　颍上闸可调性判别结果

情景设计		水闸的可调性评估			
污染负荷/t	闸坝调度方式	设定调度方式下水质浓度变化率/%	水质浓度变化率最大值/%	污染负荷消减潜力评估	可调性等级
10	全开 20 cm	1.89	2.21	0.86	低
	全开 40 cm	1.76		0.80	低
	全开 60 cm	1.59		0.72	低
	全开 80 cm	−11.04		−5.00	无
30	全开 20 cm	15.43	26.39	0.58	中
	全开 40 cm	14.62		0.55	中
	全开 60 cm	14.04		0.53	中
	全开 80 cm	13.57		0.51	中
50	全开 20 cm	22.10	50.31	0.44	高
	全开 40 cm	21.64		0.43	高
	全开 60 cm	21.07		0.42	高
	全开 80 cm	20.55		0.41	高

6.4　小　　结

　　本章基于水闸调度对水质改善的可调性定义及可调性判别方法，对槐店闸、周口闸、阜阳闸和颍上闸的可调性判别可知，当来水污染负荷较大（50 t）时，水闸调度的污染负荷消减潜力较大，水闸的可调性"高"，这是因为水闸的拦蓄作用将污染团控制在闸前，大大削减了污染物的下泄量，从而使闸后断面污染物浓度的变化变小；当污染负荷较小（10 t）时，情况则刚好相反，水闸调度的污染负荷消减潜力较小，甚至出现负值，水闸调度对河流水质改善"无"可调性或可调性"低"，这是因为河流水体中污染物浓度的背景值较小，污染物的沉降作用、降解作用及底泥在水流扰动下发生的再悬浮作用能够对河流水质产生较明显的影响，不同水闸调度方式使得各种物化作用程度不同，导致闸后断面污染物浓度增加或变化不大。而当污染负荷介于上述两种情况之间时，水闸调度有一定的污染负荷消减潜力，水闸调度对河流水质有一定的改善作用，但改善效果较小，水闸调度的可调性"中"，这是上述两种原因综合作用的结果。

第 7 章

闸坝建设对径流变化影响分析

本章将主要提出闸坝建设对径流变化影响的研究思路与研究方法，并通过径流序列筛选，利用 Hurst 系数法对径流序列进行检验，采用 Mann-Kendall 非参数检验法和 Spearman 秩次相关检验法分析径流序列的变化趋势，同时总结径流序列的突变情况；最后分析降水变化下垫面变化和闸坝建设对径流序列变异的影响。

7.1 研究思路与方法

7.1.1 研究思路

淮河中上游流域的水库闸坝较多，具有防洪、航运、灌溉、发电等重要作用，而随着水资源的不断开发利用，其径流、水质及沿岸水环境等不断发生变化。本章研究的重点是闸坝建设对径流序列是否存在影响，旨在探讨影响径流序列的主要因素，为进一步研究消除这种不利影响奠定基础。

研究思路为：首先依据选取的径流数据，对不同时间尺度上的径流序列的趋势和突变进行分析，主要选用 Hurst 系数法初步检验径流序列是否存在变异；然后对径流序列进行进一步的趋势、突变检验。主要采用 Mann-Kendall 非参数检验法和 Spearman 秩次相关检验法对比检验径流序列的变化趋势，采用有序聚类检验法和 Mann-Kendall 非参数检验法对径流的突变进行对比检验。最后，对导致径流系列变异的主要因素进行分析，从降水变化、下垫面变化、闸坝建设等方面分析其对淮河中上游流域径流序列变异是否存在显著影响。研究思路示意图如图 7.1 所示。

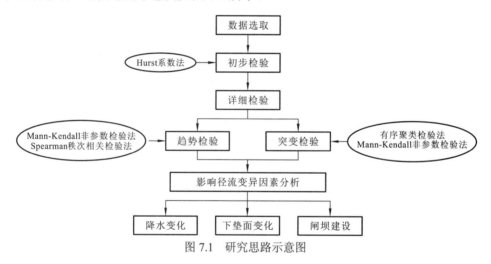

图 7.1 研究思路示意图

7.1.2 研究方法

水文数据是水资源调查评价、优化调度、防汛抗旱等工作顺利开展的基础保障，一定程度上反映河流的现状。水文序列在一定时空内受到气候条件、自然地理条件及人类活动等综合作用的影响（许斌，2013），其缓慢而长期的作用或剧烈而短期的作用，使水文序列出现了异常值。水文序列的变异分析主要依托于水文数据，采用统计学方法对水文序列从趋势、突变等方面分析其变异。

水文序列变异分析的方法较多，如 Hurst 系数法（黄登仕 等，1990）、相关系数检验法（庄常陵，2003）、Spearman 秩次相关检验法（潘承毅 等，1992）、有序聚类检验法（丁晶，1986）、秩和检验法（孙山泽，2000）、滑动 F 检验法（陈广才 等，2006）、滑动 T 检验法（盛骤 等，2001）、Brown-Forsythe 检验法（张一驰 等，2005）、Mann-Kendall 非参数检验法（Mann，1945）、Bayes 方法（熊立华 等，2003）。这些检验方法多是参数检验或者非参数检验方法，各有优缺点。由于非参数检验方法对样本的要求不高，比较简单，应用较为广泛。

本章采用 Hurst 系数法进行水文序列的变异检验，而该方法对水文序列诊断的灵敏性相对较弱，故将 Hurst 系数法的检验结果仅作为初步检验的结果；采用 Mann-Kendall 非参数检验法及 Spearman 秩次相关检验法进行详细的趋势检验，采用 Mann-Kendall 非参数检验法及有序聚类法进行详细的突变检验；当两种方法的检验结果均为显著性时，则认为水文序列趋势显著或者存在显著突变，当两种方法的检验结果不同时，则认为水文序列趋势不显著或者不存在显著突变。

下面将对采用的检验方法进行详细介绍。

1. Hurst 系数法

Hurst 系数法是以 Hurst 系数 H 来判断序列是否变异，当 $H=1/2$ 时，表明该序列的未来与过去无关，其过程是随机的、普通的布朗运动；当 $H>1/2$ 时，表明序列的未来的趋势与过去的趋势一致，且当 H 越接近 1 时，这种持续性趋势更强；当 $H<1/2$ 时，表明序列过去的趋势与未来的变化趋势相反，且当 H 越接近 0 时，这种反持续性趋势越强。由此，可以根据 Hurst 系数的大小，判断序列是否变异，以及序列发生变异的程度（周园园 等，2011）。

Hurst 系数法又被称为 R/S 分析法，基本原理是，时间序列 $\{X(t)\}$，$t=1,2,\cdots$，对于任意正整数 $\tau \geqslant 1$，均值序列定义为

$$\overline{X}_r = \frac{1}{\tau}\sum_{i=1}^{\tau} X(t), \quad \tau=1,2,\cdots,n \tag{7.1}$$

累积离差用 $\zeta(t)$ 表示：

$$\zeta(t,\tau) = \sum_{u=1}^{t}(X(u)-\overline{X}_\tau), \quad 1\leqslant t\leqslant\tau \tag{7.2}$$

定义极差 R 为

$$R(\tau) = \max_{1\leqslant t\leqslant\tau}\zeta(t,\tau) - \min_{1\leqslant t\leqslant\tau}\zeta(t,\tau), \quad \tau=1,2,\cdots,n \tag{7.3}$$

定义标准差 S 为

$$S(\tau) = \left[\frac{1}{\tau}\sum_{t=1}^{\tau}(X(t)-\overline{X}_\tau)^2\right]^{\frac{1}{2}} \quad \tau=1,2,\cdots,n \tag{7.4}$$

对于给定的序列，任何长度 τ 的 $R(\tau)/S(\tau)=R/S$ 的比值都可以计算得出。当时间序

列 $\{X(t)\}$，$t=1,2,\cdots$ 是相互独立，并且方差有限的随机序列时，Hurst 等研究证明：

$$R/S=(c\tau)^H \tag{7.5}$$

$$\ln[R(\tau)/S(\tau)]=H\cdot(\ln c+\ln\tau) \tag{7.6}$$

根据实际测定数据资料，用最小二乘法即可求出参数 c 和 Hurst 系数 H 的值。

因为布朗运动的增量相关函数和 Hurst 系数两者之间存在式（7.7）所示的对应关系：

$$C(t)=-\frac{E\left[B_H(-t)B_H(t)\right]}{E\left[B_H(t)\right]^2}=2^{2H-1}-1 \tag{7.7}$$

因此，在显著性水平为 α 的条件下，与增量相关函数的临界值 $C_\alpha(t,H)$ 对应的 Hurst 系数记为 H_α（H_α 与资料长度及 α 有关）。当资料长度大于 20、$\alpha\geqslant0.01$ 时，增量相关函数 $C(t,H)<0.6$，对应的 $H_\alpha<0.84$；当 $C(t,H)=0.8$ 时，相关性很显著，此时 $H=0.92$；当 $C(t,H)$ 趋近于 1.0 时，H 也趋近于 1.0。

根据序列相关程度的大小，从相关函数的角度，将水文变异程度分为四个等级，并以此来判断序列是否变异及变异的程度：H 在 $0.5\sim H_\alpha$ 时为弱变异，H 在 $H_\alpha\sim0.84$ 时为中变异，H 在 $0.84\sim0.92$ 时为强变异，H 在 $0.92\sim1.0$ 时为巨变异。

2. 有序聚类检验法

有序聚类检验法是通过寻求同类之间离差平方和最小而不同类间离差平方和最大的最优分割点来推求最可能显著的干扰点 τ_0。其原理是，设序列 $x_t(t=1,2,\cdots,n)$ 的可能分割点为 τ。

$$S_n^*=\min_{1\leqslant\tau\leqslant n}\left\{S_n(\tau)=\sum_{t=1}^{\tau}(x_t-\overline{x}_\tau)^2+\sum_{t=\tau+1}^{n}(x_t-\overline{x}_{n-\tau})^2\right\} \tag{7.8}$$

则满足条件的 τ，即可能的变异点 τ_0。

3. Mann-Kendall 非参数检验法

Mann-Kendall 是一种非参数检验方法，被广泛应用在径流、降水和气温等水文要素序列的趋势或突变检验。定义统计变量 UF_k 为

$$\mathrm{UF}_k=\frac{s_k-E(s_k)}{\sqrt{Var(s_k)}},\quad k=1,2,\cdots,n \tag{7.9}$$

式中：$s_k=\sum_{i=1}^{k}\sum_{j}^{i-1}a_{ij}(k=2,3,\cdots,n)$；$a_{ij}=\begin{cases}1 & x_i>x_j\\0 & x_i\leqslant x_j\end{cases}$，$1\leqslant j\leqslant i$；$E(s_k)=k(k+1)/4$；$Var(s_k)=k(k-1)(2k+5)/72$。

将序列 x 按降序的顺序排列，再按式（7.9）计算，同时使

$$\begin{cases}\mathrm{UB}_k=-\mathrm{UF}_{k'}\\k'=n+1-k\end{cases},\quad k=1,2,\cdots,n \tag{7.10}$$

通过分析 UF_k 和 UB_k 的变化可以分析序列 x_t 的趋势变化和突变点。当 UF_k 和 UB_k 的曲线超过置信区间时，表示序列上升或下降的趋势比较显著；当 UF_k 和 UB_k 的曲线在置信区间的内部相交时，表示该点所对应的时刻是序列突变开始的时刻。

4. Spearman 秩次相关检验法

在分析序列 x_t 与时序 t 的相关关系时，x_t 用其秩次 R_t（即把序列 x_t 从小到大排列时，x_t 所对应的序号）代表，t 仍为时序（$t=1, 2, \cdots, n$），秩次相关系数为

$$r = 1 - \frac{6\sum\limits_{t=1}^{n} d_t^2}{n^3 - n} \tag{7.11}$$

式中：n 为序列长度；$d_t = R_t - t$。显然，当秩次 R_t 与时序 t 相近时，d_t 小，秩次相关序数大，趋势显著。

相关系数 r 是否异于零，可采用 t 检验法。统计量 T 服从自由度为 $n-2$ 的 t 分布，有

$$T = r\left(\frac{n-4}{1-r^2}\right)^{1/2} \tag{7.12}$$

原假设序列为无趋势。检验时，先计算 T，然后选择显著性水平 α，在 t 分布表中查出临界值 $t_{\alpha/2}$，当 $|T| > t_{\alpha/2}$ 时，拒绝原假设，说明序列与时间有相依关系，从而推断序列趋势显著；相反，则接受原假设，说明趋势不显著。

7.2　径流序列筛选

本节主要以淮河干流、洪汝河、颍河及涡河等河流的径流序列为研究重点。洪汝河是淮河上游主要的支流之一，其主要监测站包括板桥站、宿鸭湖站、遂平站、杨庄站、庙湾站、班台站等；颍河水系是淮河流域中最大的水系，因其是重要的水源且在历史上常发生水患，故在中华人民共和国成立后在该流域修建了众多的闸坝水库，发挥了调洪、蓄洪、滞洪等功能，颍河水系中主要的监测站包括上游的昭平台站、白龟山站、孤石滩站、白沙站、漯河站等，中下游的周口站、槐店站、界首站、沈丘站、阜阳站等；涡河水系中的监测站主要包括玄武站、砖桥站、涡阳站、蒙城站等；淮河南岸的监测站主要包括竹竿河上的竹竿铺站、潢河上的泼河站、灌河上的鲶鱼山站、史河上的梅山站及淠河上的固镇站。

选取 1960～2010 年共 51 年的径流序列为研究对象，选取的监测站多为国家站，主要集中在淮河干流及洪汝河、颍河、涡河、灌河、淠河水系中，具体包括 11 个站，分别为息县站、王家坝站、鲁台子站、蚌埠（吴家渡）站、潢川站、蒋集站、固镇站、班台站、周口站、阜阳站、蒙城站。选取的监测站具体分布及资料信息分别如图 7.2 和表 7.1 所示。

图 7.2　选取监测站的分布

表 7.1　选取的 11 个监测站点资料信息

河流	监测站	经度/（°E）	纬度/（°N）	集水面积/km²	年径流/（m³/s）	数据年限
淮河干流	息县站	114.73	32.33	10 190	117.89	1960～2010
	王家坝站	115.60	32.43	30 630	283.41	1960～2010
	鲁台子站	116.63	32.57	88 630	657.47	1960～2010
	蚌埠（吴家渡）站	117.38	32.93	121 330	821.28	1960～2010
洪河	班台站	115.04	32.43	12 303	80.94	1960～2010
颍河	周口站	114.65	33.63	25 800	99.59	1960～2010
	阜阳站	115.83	32.90	35 246	137.05	1960～2010
涡河	蒙城站	116.33	33.17	15 900	57.70	1960～2010
灌河	蒋集站	115.44	33.18	8 000	60.56	1960～2010
浍河	固镇站	116.51	32.23	6 000	39.33	1960～2010
潢河	潢川站	115.17	32.17	2 400	26.66	1960～2010

7.3　径流序列趋势及突变分析

7.3.1　Hurst 系数法

　　在不同时间尺度上（包括 1960～2010 年年径流序列和 1960～2010 年丰水期径流序列），首先采用 Hurst 系数法对 11 个监测站的径流变化进行初步检验，具体检验结果如表 7.2 所示。

表 7.2　1960～2010 年径流序列 Hurst 系数法检验

监测站	年平均径流序列		丰水期径流序列	
	Hurst 系数	变异程度	Hurst 系数	变异程度
息县站	0.56	弱变异	0.52	弱变异
王家坝站	0.64	弱变异	0.68	中变异
鲁台子站	0.52	弱变异	0.54	弱变异
蚌埠（吴家渡）站	0.57	弱变异	0.55	弱变异
班台站	0.52	弱变异	0.53	弱变异
周口站	0.65	弱变异	0.62	弱变异
阜阳站	0.71	中变异	0.68	中变异
蒙城站	0.63	弱变异	0.60	弱变异
潢川站	0.54	弱变异	0.59	弱变异
蒋集站	0.54	弱变异	0.62	弱变异
固镇站	0.74	中变异	0.70	中变异

由表 7.2 可知，采用 Hurst 系数法检验年平均径流序列时，阜阳站和固镇站的变异程度处于中变异程度，Hurst 系数法检验的系数 H 值均大于 0.7，其余 9 个监测站的变异程度均为弱变异；采用 Hurst 系数法检验 1960～2010 年丰水期径流序列时，王家坝站、阜阳站、固镇站的变异程度为中变异，H 值均大于或等于 0.68，其余 8 个监测站的变异程度都是弱变异。对比两个不同时间尺度上的径流序列 Hurst 变异检验，阜阳站、固镇站径流序列存在变异的可能性比较大；虽然王家坝站的年平均径流序列、周口站和蒙城站不同时间尺度径流序列的变异程度为弱变异，但是其 H 值均大于 0.6，在一定程度上也存在变异的可能。此外，年平均径流序列处于中变异的有 2 个，而丰水期径流序列处于中变异的有 3 个，丰水期径流序列存在变异的可能性强于年平均径流序列存在变异的可能性。综上所述，采用 Hurst 系数法对 11 个监测站的径流序列进行检验可知，监测站的径流序列在一定程度上存在变异的可能性，鉴于 Hurst 系数法对变异检验的灵敏性差等缺陷，下面将对这 11 个监测站的径流序列进行详细的趋势检验和突变检验。

7.3.2　径流序列趋势分析

针对不同的时间尺度，对 11 个监测站采用 Mann-Kendall 非参数检验法和 Spearman 秩次相关检验法进行详细的趋势检验，置信度 α 为 0.05，具体的检验结果如表 7.3 所示。

表 7.3 1960～2010 年径流序列详细趋势检验

监测站	年平均径流序列				丰水期径流序列			
	Mann-Kendall 非参数检验法		Spearman 秩次相关检验法		Mann-Kendall 非参数检验法		Spearman 秩次相关检验法	
	$Z_{(\alpha/2)}=0.189\,3$	是否显著	$T_{(\alpha/2)}=1.64$	是否显著	$Z_{(\alpha/2)}=0.189\,3$	是否显著	$T_{(\alpha/2)}=1.64$	是否显著
息县站	0.018 0	不显著	0.10	不显著	0.667 0	不显著	0.61	不显著
王家坝站	0.118 4	不显著	1.23	不显著	0.156 1	不显著	1.65	显著
鲁台子站	0.003 9	不显著	0.17	不显著	0.038 4	不显著	0.61	不显著
蚌埠（吴家渡）站	0.093 3	不显著	0.82	不显著	0.069 8	不显著	0.58	不显著
班台站	0.002 4	不显著	0.04	不显著	0.029 0	不显著	0.32	不显著
周口站	0.049 4	不显著	0.48	不显著	0.049 4	不显著	0.48	不显著
阜阳站	0.109 0	不显著	0.99	不显著	0.079 2	不显著	0.81	不显著
蒙城站	0.080 8	不显著	0.69	不显著	0.079 2	不显著	0.65	不显著
潢川站	0.046 3	不显著	0.50	不显著	0.118 4	不显著	1.15	不显著
蒋集站	0.062 0	不显著	0.61	不显著	0.035 3	不显著	0.45	不显著
固镇站	0.176 5	不显著	1.63	不显著	0.072 9	不显著	0.66	不显著

注：趋势检验方法 $\alpha=0.05$。

由表 7.3 可知，无论是采用 Mann-Kendall 非参数检验法，还是采用 Spearman 秩次相关检验法，对年平均径流序列进行趋势检验，检验结果均为不显著；采用 Mann-Kendall 非参数检验法对丰水期的径流序列进行检验时，其检验结果为不显著，而采用 Spearman 秩次相关检验法对丰水期的径流序列进行检验，除王家坝站的径流序列的趋势性检验为显著外其他监测站检验结果为不显著。综上所述，1960～2010 年各监测站不同时间尺度上的径流序列变化趋势不显著。

7.3.3 径流序列突变分析

1.有序聚类检验法

对 11 个监测站 1960～2010 年的径流序列采用有序聚类检验法进行突变检验。逐年平均径流序列和丰水期径流序列的突变检验结果如表 7.4 所示。

表 7.4　1960～2010 年有序聚类法对径流序列的突变检验

监测站	有序聚类检验			
	逐年平均径流序列		丰水期径流序列	
	$T_{(\alpha/2)}$ =1.64	是否显著	$T_{(\alpha/2)}$ =1.64	是否显著
息县站	1.46	无显著突变	1.11	无显著突变
王家坝站	2.01	1999 年前后发生显著突变	2.68	2001 年前后发生显著突变
鲁台子站	1.18	无显著突变	1.44	无显著突变
蚌埠（吴家渡）站	1.27	无显著突变	1.15	无显著突变
班台站	1.23	无显著突变	1.21	无显著突变
周口站	2.04	1965 年前后发生显著突变	1.56	无显著突变
阜阳站	2.29	1965 年前后发生显著突变	1.75	1984 年前后发生显著突变
蒙城站	1.45	无显著突变	1.46	无显著突变
潢川站	1.38	无显著突变	1.85	1967 年前后发生显著突变
蒋集站	1.70	1964 年前后发生显著突变	1.29	无显著突变
固镇站	2.50	1988 年前后发生显著突变	1.86	1965 年前后发生显著突变

　　由表 7.4 可知，通过有序聚类检验法对淮河中上游流域 11 个监测站的逐年平均径流序列进行突变检验，其中王家坝站在 1999 年前后发生显著突变，其 T 值为 2.01；周口站和阜阳站在 1965 年前后发生显著突变，而蒋集站在 1964 年前后发生显著突变；固镇站在 1988 年前后发生显著突变，其 T 值最大为 2.50，远大于临界值 1.64。有序聚类检验法对逐年平均径流序列的检验结果表明：王家坝站、周口站、阜阳站、蒋集站、固镇站 5 个监测站的径流序列可能发生显著突变，其余监测站的径流序列无显著突变。

　　有序聚类检验法对逐年丰水期径流序列的检验结果表明：王家坝站、阜阳站、潢川站、固镇站 4 个监测站的丰水期径流序列可能发生突变，其中王家坝站在 2001 年前后发生显著突变，阜阳站在 1984 年前后发生显著突变，潢川站在 1967 年前后发生显著突变，固镇站在 1965 年前后发生显著突变。

2. Mann-Kendall 非参数检验法

　　本节采用 Mann-Kendall 非参数检验法对 11 个监测站的径流序列进行突变检验，并与有序聚类检验结果进行对比分析。

　　对 11 个监测站 1960～2010 年的径流序列采用 Mann-Kendall 非参数检验法进行突变检验，包括逐年平均径流序列及丰水期径流序列的突变检验，对两种时间尺度上径流序列的突变逐一进行对比分析。

　　息县站逐年平均径流序列及丰水期径流序列的 Mann-Kendall 的检验结果如图 7.3 所示，息县站逐年平均径流序列将可能在 1962 年前后、1973 年前后、1980～1985 年、1998～2002 年发生突变，息县站丰水期径流序列可能在 1963 年、1967 年、1980 年、1990 年、2000 年前后发生突变，然而有序聚类检验法对息县站年平均径流序列及丰水期径流序列的检验结果均为无显著突变。结合两种检验方法的检验结果发现，息县站的径流序列不存在显著突变。

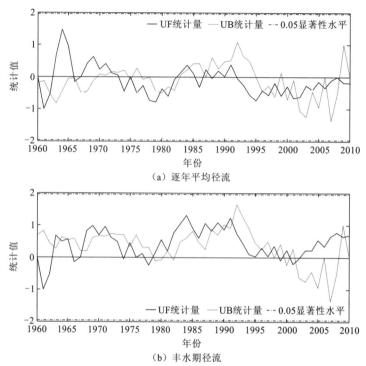

图 7.3　1960～2010 年息县站径流序列 Mann-Kendall 检验结果

UF 和 UB 分别为分析数据序列 x_t 的趋势变化和突变点的统计量，后同

王家坝站逐年平均径流序列及丰水期径流序列的 Mann-Kendall 的检验结果如图 7.4 所示，王家坝站逐年平均径流序列可能在 1965 年前后、1985 年前后、1995～2000 年发生突变；王家坝站丰水期径流序列可能在 1982 年、1988～1992 年、1995～2000 年发生突变。根据有序聚类检验法对王家坝站逐年平均径流序列及丰水期径流序列的检验结果可知，王家坝站的逐年平均径流序列在 1999 年前后发生显著突变，1999 年为逐年平均径流序列的突变点；而王家坝站的丰水期径流序列在 2001 年前后发生显著突变，2001 年为丰水期径流序列的突变点，且径流均呈现微弱的增加趋势。此外王家坝站逐年平均径流序列的突变点与丰水期径流序列的突变存在差异，表明该站的径流序列受外界环境因素影响或闸坝建设、闸坝调度等人类活动影响，使得该站的径流发生年际或年内变化。

鲁台子站逐年平均径流序列及丰水期径流序列的 Mann-Kendall 的检验结果如图 7.5 所示，鲁台子站逐年平均径流序列将可能在 1962～1965 年、1975 年前后、1982～1985 年、2005 年前后发生突变；鲁台子站丰水期径流序列可能在 1963～1965 年、1975 年前后、1982～1985 年、2005 年前后发生突变。对比两种检验结果，鲁台子站丰水期径流序列与逐年平均径流序列突变检验基本一致，说明鲁台子站径流序列在年内和年际受环境影响或人类活动影响的扰动较小；且通过有序聚类检验可知，鲁台子站无显著突变，两种检验结果不一致，故认为鲁台子站的径流序列不存在显著突变。

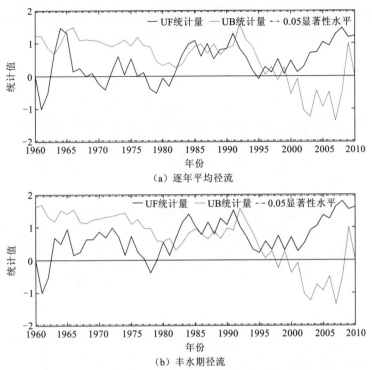

（a）逐年平均径流

（b）丰水期径流

图 7.4　1960~2010 年王家坝站径流序列 Mann-Kendall 检验

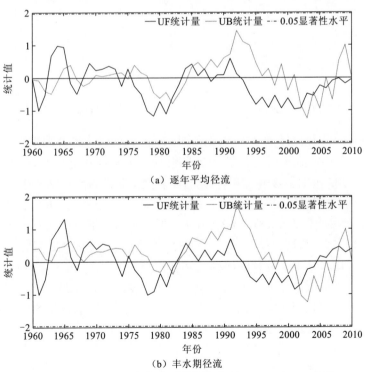

（a）逐年平均径流

（b）丰水期径流

图 7.5　1960~2010 年鲁台子站径流序列 Mann-Kendall 检验

蚌埠（吴家渡）站逐年平均径流序列及丰水期径流序列的 Mann-Kendall 的检验结果如图 7.6 所示，班台站逐年平均径流序列及丰水期径流序列的 Mann-Kendall 的检验结果如图 7.7 所示。与鲁台子站的 Mann-Kendall 检验结果类似，蚌埠（吴家渡）站及班台站逐年平均径流序列和丰水期径流序列的检验结果基本保持一致，均在不同年份发生突变。而有序聚类检验结果表明，这两个监测站径流序列无显著突变。结合两种方法的检验结果，蚌埠（吴家渡）站及班台站 1960～2010 年径流序列不存在显著突变。

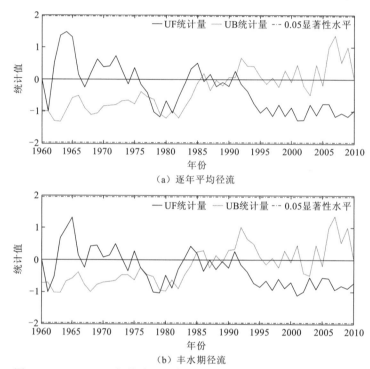

（a）逐年平均径流

（b）丰水期径流

图 7.6　1960～2010 年蚌埠（吴家渡）站径流序列 Mann-Kendall 检验

周口站逐年平均径流序列及丰水期径流序列的 Mann-Kendall 的检验结果如图 7.8 所示，周口站逐年平均径流序列可能在 1970 年前后发生显著突变；周口站丰水期径流序列可能在 1970～1985 年发生显著突变。根据有序聚类检验法对周口站逐年平均径流序列及丰水期径流序列的检验结果可知，周口站的逐年平均径流序列在 1965 年前后发生显著突变，丰水期径流序列无显著突变。综上所述，周口站的逐年平均径流序列两种方法检验的突变年份比较接近，故周口站的逐年平均径流序列在 1965～1970 年发生显著突变的可能性比较大；而周口站丰水期径流序列无显著突变。

阜阳站逐年平均径流序列及丰水期径流序列的 Mann-Kendall 的检验结果如图 7.9 所示，阜阳站逐年平均径流序列可能在 1975 年前后、1985 年前后发生突变，且 1964～1966 年径流显著增加，而 1995～2004 年径流显著减小；阜阳站丰水期径流序列可能在 1984 年前后、2003 年前后发生突变。根据有序聚类检验法对阜阳站逐年平均径流序列及丰水期径流序列的检验结果可知，阜阳站的逐年平均径流序列在 1965 年前后发生显著突变；阜阳站丰水期径流序列在 1984 年前后发生显著突变，1984 年为突变点。此外。阜阳站

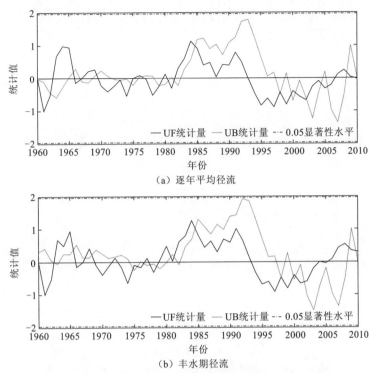

(a) 逐年平均径流

(b) 丰水期径流

图 7.7　1960～2010 年班台站径流序列 Mann-Kendall 检验

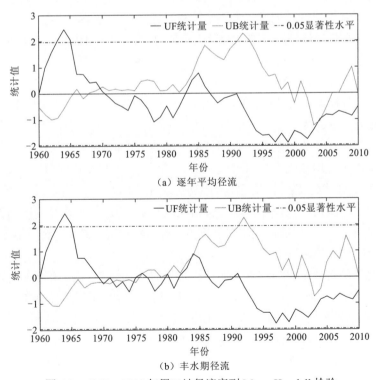

(a) 逐年平均径流

(b) 丰水期径流

图 7.8　1960～2010 年周口站径流序列 Mann-Kendall 检验

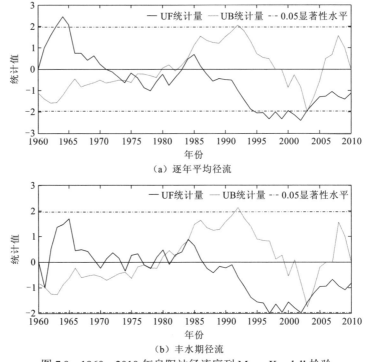

（a）逐年平均径流

（b）丰水期径流

图 7.9　1960～2010 年阜阳站径流序列 Mann-Kendall 检验

的逐年平均径流序列和丰水期径流序列的突变时期存在差异，出现这种差异的原因可能是气象因素或者闸坝建设及调度等人类活动对径流序列的影响较大。

蒙城站逐年平均径流序列及丰水期径流序列的 Mann-Kendall 的检验结果如图 7.10 所示，蒙城站逐年平均径流序列可能在 1970 年前后、1998 年前后、2009 年前后发生突变，且在 1981～1988 年径流显著减小；蒙城站丰水期径流序列可能在 1975 年前后、2004 年前后发生突变，且径流在 2002～2004 年显著减小。根据有序聚类检验结果可知，蒙城站径流序列无显著突变，两种检验结果不一致，故认为蒙城站的径流序列不存在显著突变。

潢川站逐年平均径流序列及丰水期径流序列的 Mann-Kendall 的检验结果如图 7.11 所示，潢川站逐年平均径流序列将可能在 1965 年前后、1975 年前后、1995～2000 年、2010 年前后发生显著突变；丰水期径流序列可能在 1980～1990 年发生显著突变。根据有序聚类检验法对潢川站径流序列的检验结果，潢川站的逐年平均径流序列无显著突变，丰水期径流序列在 1967 年前后发生显著突变。对比两种检验结果，潢川站逐年径流序列和丰水期径流序列无显著突变。

固镇站逐年平均径流序列及丰水期径流序列的 Mann-Kendall 的检验结果如图 7.12 所示，固镇站逐年平均径流序列可能在 1985 年前后发生突变，且径流在 1964～1972 年及 2003～2009 年显著增加；固镇站丰水期径流序列可能在 1964 年前后、1989 年前后发生突变。根据有序聚类检验法对固镇站逐年平均径流序列及丰水期径流序列的检验结果可知，固镇站的逐年平均径流序列在 1988 年前后发生显著突变；固镇站的逐年丰水期径流序列在 1965 年发生显著突变。

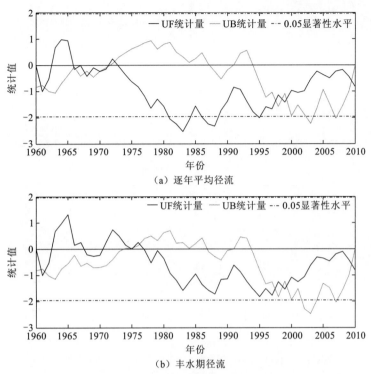

（a）逐年平均径流

（b）丰水期径流

图 7.10　1960～2010 年蒙城站径流序列 Mann-Kendall 检验

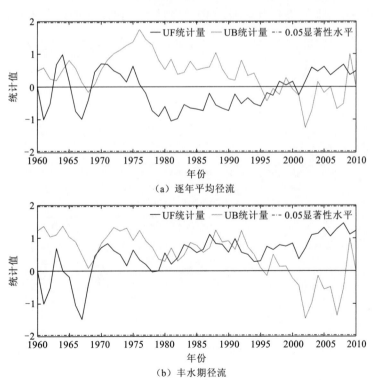

（a）逐年平均径流

（b）丰水期径流

图 7.11　1960～2010 年潢川站径流序列 Mann-Kendall 检验

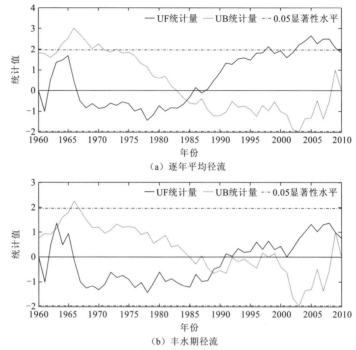

（a）逐年平均径流

（b）丰水期径流

图 7.12　1960～2010 年固镇站径流序列 Mann-Kendall 检验

　　蒋集站逐年平均径流序列及丰水期径流序列的 Mann-Kendall 的检验结果如图 7.13 所示，蒋集站逐年平均径流序列可能在 1962 年前后、1970 年前后、2003 年前后发生突

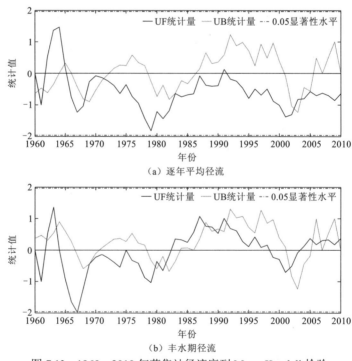

（a）逐年平均径流

（b）丰水期径流

图 7.13　1960～2010 年蒋集站径流序列 Mann-Kendall 检验

变；蒋集站丰水期径流序列可能在 1964 年前后、1980 年前后、1990 年前后及 2005 年前后发生突变。根据有序聚类检验法对蒋集站逐年平均径流序列及丰水期径流序列的检验结果可知，蒋集站的逐年平均径流序列在 1964 年前后发生显著突变；蒋集站的丰水期径流序列无显著突变。

7.4　径流序列变异的主要影响因素

通过对径流序列的趋势和突变分析，淮河中上游 11 个监测站径流序列的趋势变化整体是不显著的，而通过突变检验得出王家坝站、周口站、阜阳站、固镇站、蒋集站 5 个监测站的逐年平均径流序列发生显著突变，而仅有王家坝站、阜阳站、固镇站 3 个监测站的丰水期径流序列发生显著突变。本节将着重对径流序列发生变异的影响因素，以及丰水期径流序列突变减少的原因等进行探讨。

7.4.1　降水变化对径流序列变异的影响

在时间上和空间上降水变化会对河川径流产生一定的影响，尤其是以降水补给为主的流域，对水资源的开发利用及管理保护等产生一定的影响。淮河的径流补给多以降水补给为主，故在研究降水变化对径流序列变异的影响时选取降水为主要指标进行研究分析。

根据资料收集与文献查阅（郑泳杰 等，2015；杨志勇 等，2013；王珂清，2013；王珂清等，2012；李想，2005），诸多研究者多以 Mann-Kendall 检验法、降雨径流关系法等对降水序列进行趋势检验和突变检验（刘睿 等，2013）。本小节采用 Mann-Kendall 检验法对降水序列进行突变检验，分别对阜阳站、固始站、六安站、西华站 4 个气象监测站 1960～2010 年的降水资料进行检验和分析。具体突变检验结果分别如图 7.14～图 7.17 所示。

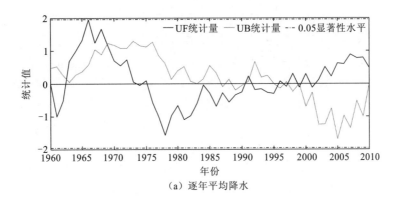

（a）逐年平均降水

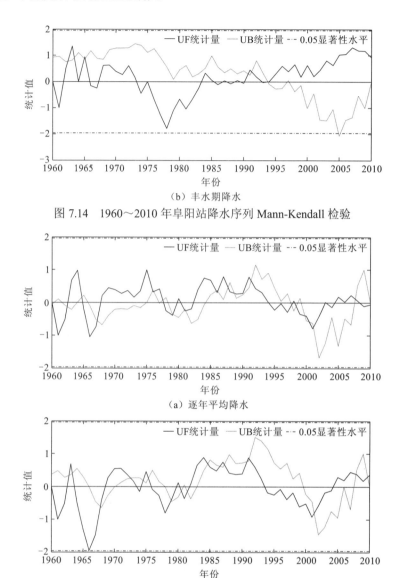

（b）丰水期降水

图 7.14   1960~2010 年阜阳站降水序列 Mann-Kendall 检验

（a）逐年平均降水

（b）丰水期降水

图 7.15   1960~2010 年固始站降水序列 Mann-Kendall 检验

　　根据径流序列突变分析可知，阜阳站年平均径流序列在 1965~1975 年发生显著突变，而阜阳站逐年平均降水序列在 1970 年前后发生显著突变，因此阜阳站逐年平均径流序列在 1970 年前后发生的显著突变可能是降水序列发生显著突变而引起的。由图 7.14（b）可知，阜阳站丰水期平均径流序列在 1984 年前后发生显著突变，而阜阳站丰水期降水序列未发生显著突变，因此阜阳站丰水期平均径流序列的突变受丰水期降水序列的影响较小。

　　蒋集站逐年平均径流序列在 1962~1964 年发生显著突变，对比蒋集站径流序列突变检验结果（图 7.13）与固始站降水序列突变检验结果［图 7.15（a）］可知，固始站年平均径流序列在 1962~1964 年也发生相应的突变，且丰水期水文序列变化趋势基本相同，因此蒋集站逐年平均径流序列发生突变很大程度上可能是受降水序列的影响。

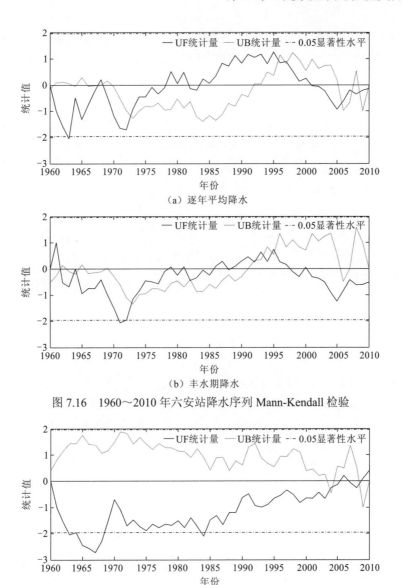

（a）逐年平均降水

（b）丰水期降水

图 7.16　1960～2010 年六安站降水序列 Mann-Kendall 检验

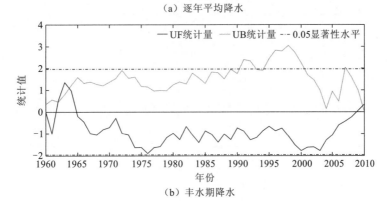

（a）逐年平均降水

（b）丰水期降水

图 7.17　1960～2010 年西华站降水序列 Mann-Kendall 检验

固镇站逐年平均径流序列在 1985～1988 年发生显著突变,而六安站逐年平均降水序列[图 7.16(a)]并未发生突变,因此固镇站年平均径流序列发生突变可能是其他自然因素或者人为因素干扰所引起的。固镇站丰水期径流序列在 1964～1965 年发生显著突变,而六安站丰水期降水序列[图 7.16(b)]也发生显著突变,因此固镇站丰水期径流序列发生突变可能是受到降水突变的影响。综上所述,固镇站径流序列的突变在受到降水因素影响的同时也受到其他自然因素或者人为因素的影响。

周口站逐年平均径流序列在 1965～1970 年发生显著突变,而西华站逐年平均降水序列并未发生突变,因此周口站逐年平均径流序列发生突变受降水因素的影响较小。

通过淮河流域降水序列突变与径流序列突变对比分析发现,蒋集站受降水因素的影响比较显著,固镇站、阜阳站径流序列受到多种因素的复杂影响,在受到降水因素影响的同时还可能受到其他自然因素或者人为因素的干扰。综上所述,淮河中上游流域 1960～2010 年的降水对径流序列产生了一定的影响。

7.4.2　下垫面变化对径流序列变异的影响

降水变化、社会发展及人类活动的影响共同改变着流域的径流变化过程,其中人类活动对径流影响的主要表现之一就是通过土地利用等改变下垫面。下垫面植被的变化可以影响植物对降水的截留,并改变土壤的渗透能力等,进而影响河川径流。

改革开放以前,我国实行计划经济,经济增长以粗放式生产方式为主,这一时期无论是工业还是农业的发展均比较缓慢,人类活动对下垫面的影响也较小。因此本小节重点分析改革开放以后研究区下垫面的变化情况,分别对 1980 年、1990 年、1995 年、2000 年、2005 年的下垫面变化情况进行对比分析。研究区 1980～2005 年下垫面变化情况如表 7.5 所示,图 7.18(a)～(e)分别表示 1980 年、1990 年、1995 年、2000 年、2005 年的下垫面分类情况。

表 7.5　1980～2005 年下垫面变化情况　　　　　　　（单位：km²）

年份	水田	旱田	有林地	灌木林	疏林地	草地	水域	建设用地	沙漠	未利用地
1980	19 633	91 314	9 062	3 957	1 786	5 379	3 202	17 801	4	860
1990	14 622	97 638	9 748	4 146	1 425	5 307	1 843	17 752	2	563
1995	17 379	94 650	9 256	4 638	2 216	4 178	1 816	18 425	1	487
2000	14 698	97 158	9 717	4 028	1 624	4 708	1 903	18 658	0	552
2005	19 671	90 167	9 233	3 866	1 928	4 769	3 416	19 183	3	786

由表 7.5 可知,在 1980～2005 年,旱田所占的比例最大,占总土地利用的 50%以上,呈现先增加后减少的趋势,2000 年所占比例高达 62.7%,最大变幅为 8.25%;其次是水田及城镇用地,也是均呈现先增加后减少的趋势,水田主要分布在淮河干流右岸,1995

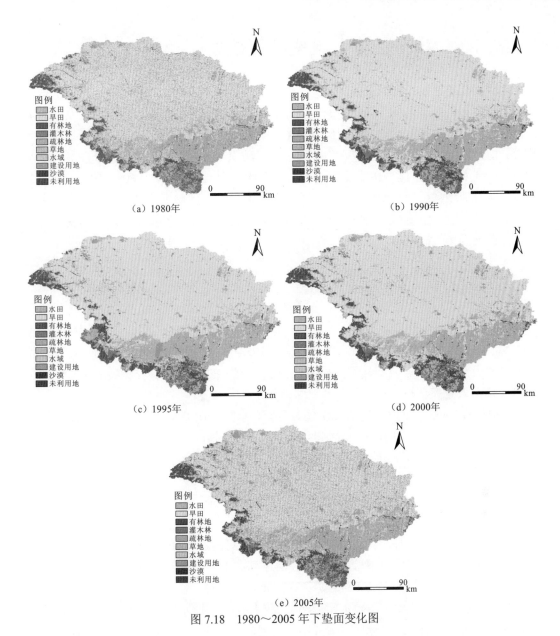

（a）1980年　　　　　　　　　　　（b）1990年

（c）1995年　　　　　　　　　　　（d）2000年

（e）2005年

图 7.18　1980～2005 年下垫面变化图

年所占比例最大，达到 20.68%，最大变幅为 3.27%；有林地及灌木林的变化幅度比较小，其中有林地在 9 000～9 800 km² 变动，主要分布在淮河上游及淮河中游的右岸山区，灌木林则多分布在淮河干流右岸区域；疏林地总体呈现先减少后增加的趋势，所占比例在 1% 左右，2000 年所占比例最低，为 0.86%；草地及水域的面积呈现先减小后增加的趋势，草地 1980 年的面积最大，所占比例为 4.21%，而水域的面积在 2005 年最大，所占比例为 4.01%；沙漠所占的比例基本保持不变，而未利用土地的面积呈现先减少后增加的趋势，最大变幅为 0.5%。综上所述，1980～2005 年的下垫面变化幅度不大，最大变幅为 8.25%。

7.4.3　闸坝建设对径流序列变异的影响

水库闸坝的建设一方面在防洪减灾、农业灌溉、水力发电及航运等方面发挥了重要作用，另一方面对国民经济和社会的发展起到了积极的促进作用，而闸坝的建设使大量河流被截断，河道被裁弯取直，因此水库闸坝的建设改变了河流的地质地貌、径流及水质等。由于淮河流域人口密集、水患严重，为了防洪减灾，淮河流域修建了众多的水库闸坝，受到人类活动的影响比较剧烈。通过资料收集和文献查阅，1960～2010 年淮河中上游流域径流序列受降水变化和下垫面变化的影响较小，而闸坝建设与调度是作为人类活动对河流影响的主要形式之一，下面就闸坝建设对淮河中上游流域径流序列变异的影响进行详细分析与概述。

1.闸坝建设对年际径流序列的影响

根据径流序列突变检验结果可知，王家坝站、周口站、阜阳站、固镇站、蒋集站 5个监测站的径流序列发生了突变，王家坝站逐年平均径流序列在 1999 年前后发生突变。根据闸坝建设进程回顾可知，王家坝闸修建于 1953 年，在 2000 年进行重建，在该时段降水序列没有发生显著突变，下垫面对径流影响较小的情况下，王家坝站径流序列在1999 年前后发生突变极有可能与王家坝闸的重建有关。

周口站在 1965～1970 年前后发生显著突变，阜阳站在 1965～1975 年前后发生显著突变。因为周口站与阜阳站均位于沙颖河，周口站在阜阳站上游，所以周口站与阜阳站的逐年平均径流序列的突变年份相类似。据资料统计，周口闸于 1975 年建成，阜阳闸于1959 年建成，且在 1965～1975 年，沙颖河上游修建了许多水库闸坝，如白龟山水库修建于 1966 年，孤石滩水库修建于 1971 年，大型水库昭平台水库在 1960～1975 年几经修复及改建等。因此，周口站及阜阳站径流序列在 1965～1975 年发生的突变极有可能在受降水序列突变影响的同时，受沙颖河上游诸多大型水库及水闸的修建影响。

固镇站位于涡河流域中下游，固镇站径流序列在 1985～1988 年发生显著突变。固镇闸修建于 1960 年，并于 1996 年进行修复。在涡河中上游，主要的闸坝水库有佛子岭水库、响洪甸水库等，其中佛子岭水库修建于 1954 年，响洪甸水库修建于 1958 年，两者的建成时间均不在固镇站径流序列突变年份。因此，闸坝建设不是固镇站径流序列发生突变的主要原因。由于佛子岭水库及响洪甸水库均是大型水库，与涡河中上游中小型水库闸坝一起共同构成了梯级水库群，对涡河的径流均有十分复杂的影响。

蒋集站位于史灌河下游，其逐年平均径流序列在 1962～1964 年发生显著突变。据查阅资料发现，灌河上游及史河上游均建有大型水库闸坝，其中史河上游的梅山水库建成于 1956 年，红石嘴拦河枢纽建成于 1961 年，黎集拦河枢纽在 1964 年建成永久性拦河枢纽。此外，灌河上游的鲇鱼山水库修建于 1970 年、竣工于 1973 年。史灌河中上游一系列水库闸坝及配套水利工程的修建对其径流产生了一定的调蓄作用，其径流序列发生突变主要是受降水序列突变的影响。

2.闸坝建设对年内径流序列的影响

水库闸坝的修建具有调节径流的作用，在丰水期调蓄洪水，进而对年内丰枯水期径流进行调节，因此闸坝建设及调度对丰水期的径流影响比较大。虽然较大降水可能引起径流序列的突变，但是由于水库闸坝的调度，降低了丰水期径流序列出现突变的可能。

王家坝站丰水期径流序列在 2001 年前后发生显著突变。通过上述分析，王家坝闸于 2000 年进行重建，又加之王家坝以上淮河上游流域水库闸坝调度的影响，使得王家坝站丰水期径流序列在 2001 年前后发生突变。阜阳站丰水期径流序列在 1984 年前后发生显著突变，经过水库闸坝的建设时间调查，均不在此突变时间前后，因此闸坝建设对阜阳站径流序列突变的影响不是很显著，但是沙颍河流域是淮河流域最主要的支流，其上修建的水库闸坝繁多，形成梯级水库群，水库闸坝运行调度的过程十分复杂，对径流序列的影响效果具有一定的叠加与累积效应。固镇站丰水期径流序列在 1964～1965 年发生显著突变，而固镇闸在该时间段内建成，且在此时间段内，浍河上游两座大型水库及一些中小型水库已进行运行调度，所以固镇站丰水期径流序列发生突变与固镇闸的修建及闸坝水库的运行调度存在一定的关系。

综上所述，降水对径流序列产生一定的影响，同时，水库闸坝的建设及运行调度等对淮河中上游径流的年内变化和年际变化具有一定的影响。

7.5　小　　结

本章针对不同的时间尺度，对息县站、王家坝站、鲁台子站、蚌埠（吴家渡）站、潢川站、蒋集站、固镇站、班台站、周口站、阜阳站、蒙城站 11 个监测站采用 Mann-Kendall 非参数检验法和 Spearman 秩次相关检验法进行趋势检验可知，1960～2010 年各监测站不同时间尺度上的径流序列变化趋势不显著。

通过两种突变分析可知，王家坝站逐年平均径流序列在 1999 年前后发生显著突变，丰水期径流序列在 2001 年前后发生显著突变。周口站逐年平均径流序列在 1965～1970 年发生显著突变，而丰水期径流序列不存在显著突变。阜阳站逐年平均径流序列在 1965～1975 年发生显著突变，丰水期径流序列在 1984 年前后发生显著突变。固镇站逐年平均径流序列在 1985～1988 年发生显著突变，丰水期径流序列在 1964～1965 年发生显著突变。蒋集站逐年平均径流序列在 1962～1964 年发生显著突变，丰水期径流序列不存在显著突变。其他监测站的径流序列不存在显著突变。

通过分析径流序列变异的主要影响因素发现，王家坝站径流序列在 1999 年前后发生突变极有可能与王家坝闸的重建有关。周口站及阜阳站径流序列在 1965～1975 年发生的突变极有可能在受降水序列突变影响的同时，受沙颍河上游诸多大型水库及水闸的修建影响。固镇站径流序列在 1985～1988 年发生显著突变，通过分析，闸坝建设不是固镇站径流序列发生突变的主要原因。由于佛子岭水库及响洪甸水库均是大型水库，与淠河中上游中小型水库闸坝一起共同构成了梯级水库群，对淠河的径流有十分复杂的影响。蒋集站位于史灌河下游，其逐年平均径流序列在1962～1964年发生显著突变，史灌河中上游一系列水库闸坝及配套水利工程的修建对其径流产生一定的调蓄作用，其径流序列发生突变主要是受降水序列突变的影响。

第 **8** 章

闸坝群作用下的水环境数学模型研制

　　本章将在对研究区概化的基础上，构建闸坝群调度下的水动力学模型，并对模型的参数进行率定和验证，同时构建闸坝群水环境学模型并对模型的参数进行率定和验证，结果表明构建的闸坝群调度下的水动力学模型和水环境学模型具有较高的精度。

8.1 研究区基本情况

8.1.1 研究区水系

淮河水系发源于桐柏山，河流长度约为 1 000 km，流经河南省（364 km）、安徽省（436 km）、江苏省（200 km），总集水面积约为 19 万 km²。本章以淮河中上游流域为研究区，河流上游从河源到洪河口，总长度为 364 km，流域的面积大于 3 万 km²，高程落差约 174 m；流域中游集水面积 13 万 km²，河流中游从洪河口到洪泽湖，河长约 478 km，高程落差约 16 m。淮河流域有 15 条一级支流的流域面积大于 2000 km²，有 21 条一级支流的流域面积大于 1000 km²。淮河中上游的支流众多，多集中在中游，且左右岸呈不对称扇形分布。北岸的主要支流包括洪汝河、沙颍河、涡河、浍河等，其中沙颍河是淮河最大的支流，河流全长 619 km，面积约是 3.6 万 km²；南岸的支流与北岸的支流相比河长较短，主要的支流包括史灌河、淠河、池河等。研究区内主要的水文监测站约有 50 个，部分监测站分布如图 8.1 所示。

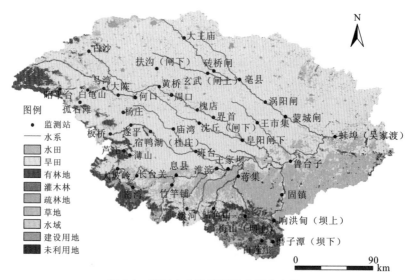

图 8.1 淮河中上游监测站水系分布图

8.1.2 研究区概化

在河网概化的过程中，本章主要概化了淮河中上游流域一级、二级及部分三级河流等。主要的支流包括淮河干流南岸的竹竿河、潢河、史灌河、淠河，以及北岸的洪汝河、沙颍河、涡河等支流。具体概化图如图 8.2 所示。

淮河干流：淮河干流包括息县至蚌埠，1～2 km 取一个断面，在该河段中主要考虑

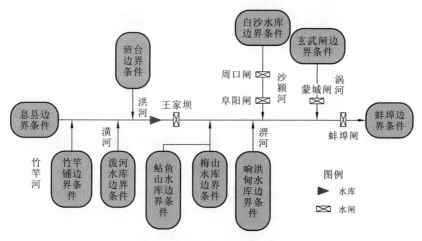

图 8.2　淮河中上游概化示意图

王家坝闸和蚌埠闸，王家坝闸主要用于灌溉、航运、发电等，蚌埠闸主要用于灌溉、航运、发电。

淮河北岸：洪河主要考虑班台至入河河口的河段；沙颍河主要包括从白沙水库至下游汇入淮河河口，在该河段主要考虑周口闸和阜阳闸；涡河主要包括从玄武闸到下游汇入淮河河口，在该河段主要考虑蒙城闸的影响。

淮河南岸：竹竿河主要考虑竹竿铺至入淮河河口之间的河段；潢河主要考虑泼河至入淮河河口之间的河段；史灌河主要考虑鲇鱼山、梅山水库至入淮河河口之间的河段；淠河主要考虑响洪甸水库至入淮河河口之间的河段。

8.2　闸坝群调度下的水动力学模型

8.2.1　水动力学模型构建

根据 MIKE 11 建立研究区域一维洪水演进的水动力学模型，模拟水流在河道中的运动。MIKE11 HD 模块用于河道演算的简化计算，是一维水动力学模型最核心的部分。MIKE11 HD 的标准模型结构主要包括 4 个部分，其中河网文件确定河道的位置和走向，断面文件明确河道物理特性，参数文件定义河道基本的水力学参数，边界文件明确河道边界水位或流量。

1.河网文件

河网文件的主要功能是确定河道位置及走向，河网的编辑和参数的输入。将淮河中上游主要河流的 shp 文件导入 MIKE 11 的河网文件中，生成点及河道。各支流的坐标及河段长等具体情况如表 8.1 所示。

表 8.1　淮河中上游流域水动力模型模拟范围

河流	河段	起点地理坐标/m		终点地理坐标/m		河段长/m
		X 坐标	Y 坐标	X 坐标	Y 坐标	
淮河	淮河	768 663.55	3 470 450.1	1 156 278.2	3 574 409.2	653 414
洪汝河	洪河	821 551.53	3 596 868.1	974 569.46	3 494 645.7	241 163
	汝河	791 798.69	3 541 678.6	937 941.13	3 513 935.2	207 024
沙颍河	北汝河	660 219.46	3 655 736.4	780 223.15	3 623 772.2	166 713
	沙河	749 692.96	3 620 777.9	825 843.41	3 621 913.8	116 520
	颍河	745 292	3 691 342.5	1 061 203.3	3 514 723.5	483 664
	泉河	842 910.47	3 627 295.3	991 982.14	3 554 046.8	205 098
涡河	惠济河	849 196.11	3 759 194	963 622.29	3 660 156.5	177 507
	涡河	842 141.27	3 696 129.2	1 118 480.4	3 574 393.4	352 666
	涡河支流	912 705.04	3 743 870.1	974 854.77	3 663 254.9	115 261
竹竿河	竹竿河	874 588.72	3 394 903.2	898 357.77	3 472 389.5	101 987
潢河	潢河	920 991.44	339 9742.1	947 483.73	3 484 531	126 499
史灌河	灌河	964 485.93	337 9063.4	1 000 287.8	3 507 006.2	185 454
	史河	1 000 374.7	3 398 556.3	993 750.34	3 484 499.9	158 079
淠河	淠河	1 066 695.5	3 365 757.4	1 062 166.4	3 508 877.2	197 995

为考虑闸坝建设及调度等对流量及水质的影响，依据径流序列变异分析，在模型中考虑 5 个控制建筑物，模型中主要水闸具体情况如表 8.2 所示。

表 8.2　模型中主要水闸具体情况

河名	闸名	省份	用途	启用年份	闸孔/个	闸孔尺寸（宽×高）/（m×m）	闸门类型	底板高程/m	设计最大过闸流量/（m^3/s）
淮河	蚌埠闸	安徽	灌溉、航运与发电	1960	28	10×7.5	弧形闸	12.00	8 650
	王家坝闸	安徽	蓄洪	1953	13	8×4.5	弧形闸	24.16	1 626
涡河	蒙城节制闸	安徽	防洪、蓄水与灌溉	1960	20	5.2×6	平板闸	21.00	2 500
沙颍河	周口闸	河南	灌溉、供水	1975	10（深孔）	6×10.15	平板闸	40.60	1 600
				1975	14（浅孔）	6×9.0			1 600
	阜阳闸	安徽	灌溉、排涝与航运	1959	4（深孔）	12×10	平板闸	20.50	3 500
					8（浅孔）	12×10	弧形闸	25.00	3 500

资料来源：《淮河流域水利手册》。

2.断面文件

河道与断面密不可分，横断面是河段的二维剖面，该剖面垂直于水流方向。每个横断面都通过河流名称（river name）、地理标识（topo ID）及里程（chainage）进行标识。

在本章中，对于有实测断面资料的，按照 MIKE11 导入断面文件的格式要求，将断面资料整理成需要的 txt 格式。对于没有实测数据的断面需要进行概化，本章概化的主要依据是《淮河水文年鉴》及前期收集到的基础数据资料、堤防资料等，根据收集的资料将断面概化为规则的梯形断面。

为了保证模型计算过程中的稳定性和空间步长的合理性，对于断面间距比较大的，利用相邻断面的资料，按 500 m 的距离进行插值。根据计算的需求和模型的稳定性，时间步长取 60 s。

3.参数文件

水动力参数文件用来设置模拟需要的补充参数，参数文件主要是对初始条件设置：项目研究范围地形变化比较大，所以河道的初始水位不能使用全域值（可应用于整个河网的值），需要分段赋值，中间值由软件按线性关系内插得到。对于主要河道，按照水闸进行分段，小河一条河赋一个值。其他的参数使用软件的默认值。

4.边界文件

边界定义了模型和外部环境之间的相互作用，有两种类型的边界，开边界和附加边界。开边界用来描述模型边界与外部的相互作用，开边界是一个只有一端连接到模型的节点，本章模型中用到的就是一个河流的起点或终点。附加边界与河网的一部分相互作用，包括点源边界、分布式边界、全域边界，本章构建的模型中用到的侧向入流，以 point source 点入流的形式添加到模型中。正数代表入流，负数代表出流。

在使用边界时，需要指定边界值（如水位、流量等），边界值通常用时间序列文件输入，河流上边界和侧向入流量做成时间序列文件，淮河下边界的水位值采用蚌埠站实测水位序列。

8.2.2　水动力模型参数率定

1.参数率定

由于流域 2000 年的水文资料比较齐全，故本章选用 2000 年日流量、日水位等数据进行参数率定和验证，选用 2000 年 1～9 月的日流量数据和水位数据进行参数率定，选用 2000 年 10～12 月的日流量和日水位数据进行模型验证，主要支流率定的糙率系数如表 8.3 所示。

表 8.3 水动力学模型率定和验证糙率系数

河流	位置		河道糙率
	起点	终点	
沙颍河	白沙	正阳关	0.020~0.050
淠河	响洪甸	正阳关	0.050~0.150
洪河	庙湾	王家坝	0.033~0.100
涡河	砖桥	蚌埠	0.025~0.070
淮河	长台关	蚌埠	0.025

2.率定结果

本小节选取王家坝、蚌埠（闸上）、周口（闸上）、阜阳（闸上）、蒙城（闸上）5 个断面的流量和水位模拟值与实测值进行对比。通过不断调整模型参数，最终使模型的模拟值与实测值比较拟合，5 个断面流量实测与模拟过程线的对比情况如图 8.3 所示，5 个断面水位实测与模拟过程线的对比情况如图 8.4 所示。

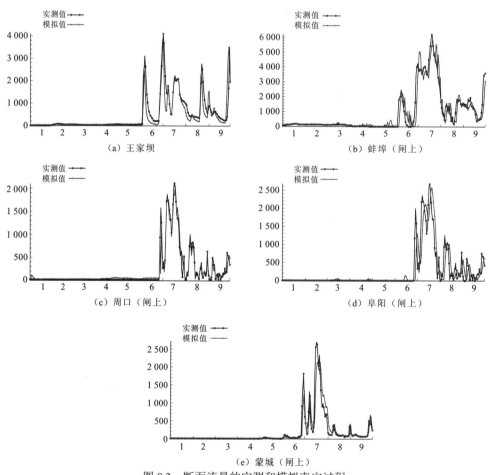

图 8.3 断面流量的实测和模拟率定过程

横坐标为月份，纵坐标为流量（m³/s）

根据图 8.3 各监测断面流量实测和模拟过程可知，流量变化过程的模拟较好，其中王家坝实测和模拟流量的平均绝对误差为 164.54 m^3/s，确定性系数为 0.79；周口（闸上）实测和模拟流量的平均绝对误差为 47.38 m^3/s，确定性系数为 0.93；阜阳（闸上）实测和模拟流量的平均绝对误差为 114.76 m^3/s，确定性系数为 0.81；蒙城（闸上）实测和模拟流量的平均绝对误差为 68.32 m^3/s，确定性系数为 0.83；蚌埠（闸上）实测和模拟流量的平均绝对误差为 254.01 m^3/s，确定性系数为 0.87。另外，图 8.3 中出现较大误差的多出现在波峰，且流量峰值实测值与模拟值的误差均在实测流量峰值的 20%以内，能够满足精度要求。

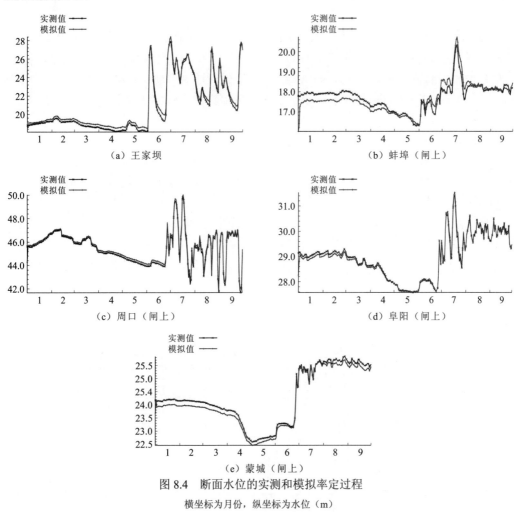

图 8.4　断面水位的实测和模拟率定过程

横坐标为月份，纵坐标为水位（m）

根据图 8.4 各监测断面水位实测与模拟变化过程可知，实测值与模拟值拟合效果比较好，王家坝的水位实测值与模拟值的平均相对误差为 1.46%，最大相对误差为 3.59%，确定性系数为 0.987；周口（闸上）水位实测与模拟结果的平均相对误差为 0.39%，最大相对误差为 3%，确定性系数为 0.978；阜阳（闸上）水位的实测值与模拟值的平均相对误差为 0.24%，确定性系数为 0.98；蒙城（闸上）水位的实测值与模拟值的平均相对误差为 0.59%，最大相对误差为 2%，确定性系数为 0.97；蚌埠（闸上）水位的实测值与模拟值的平均相对误差为 1.4%，确定性系数为 0.76。从上述各监测断面的相对误差及确定性系数可以看出，各监测站水位的模拟值与实测值拟合比较好。

综上所述，各断面的模拟流量值与实测流量值拟合较好，各监测断面的模拟过程线和实测过程线的趋势基本相同，除个别峰值外，实测值与模拟值均比较相近，对流量和水位的模拟具有一定的准确性。

8.2.3　水动力模型验证

为了验证模型模拟结果的科学性与正确性，对各监测断面水位进行验证，图 8.5(a)～(e) 分别是王家坝、蚌埠（闸上）、周口（闸上）、阜阳（闸上）、蒙城（闸上）的实测流量值与模拟值验证结果对比，图 8.6（a）～（e）分别是王家坝、蚌埠（闸上）、周口（闸上）、阜阳（闸上）、蒙城（闸上）的实测水位值与模拟值验证结果对比。

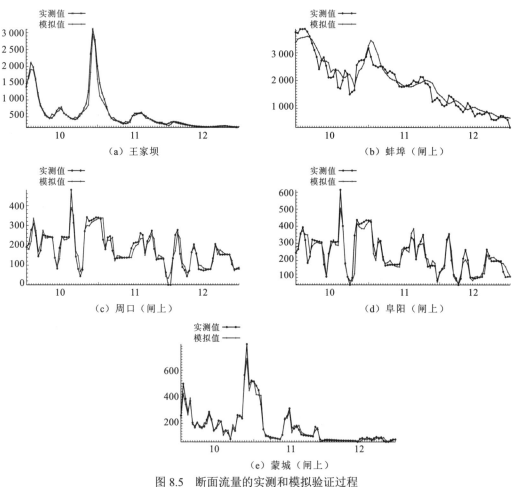

图 8.5　断面流量的实测和模拟验证过程

横坐标为月份，纵坐标为流量（m³/s）

根据图 8.5 各监测断面流量的实测和模拟验证过程可知,实测值和模拟值的拟合效果较好。王家坝流量的实测值与模拟值的平均绝对误差为 56.42 m^3/s,平均相对误差为 7.88%,确定性系数为 0.965;周口（闸上）的实测流量值与模拟值的平均绝对误差为 20.00 m^3/s,确定性系数为 0.89;阜阳（闸上）的实测流量值与模拟流量值的平均绝对误差为 25.19 m^3/s,确定性系数为 0.866;蒙城（闸上）流量的实测值与模拟值的平均绝对误差为 15.33 m^3/s,平均相对误差为 8.85%,确定性系数为 0.97;蚌埠（闸上）流量的实测值与模拟值的确定性系数为 0.91。从上述各监测站流量实测值与模拟值的平均绝对误差、平均相对误差及确定性系数可以看出,各监测断面的实测流量值与模拟流量值能够较好地拟合,满足精度要求。

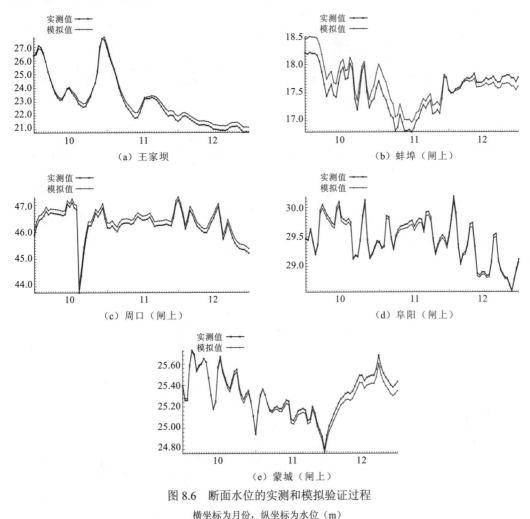

(a) 王家坝　　　　(b) 蚌埠（闸上）

(c) 周口（闸上）　　　　(d) 阜阳（闸上）

(e) 蒙城（闸上）

图 8.6　断面水位的实测和模拟验证过程

横坐标为月份,纵坐标为水位（m）

根据图 8.6 各监测断面水位实测与模拟验证过程可知,模拟水位的变化趋势与实测水位的变化趋势大致相同。对模拟精度进行分析,王家坝水位的实测值与模拟值的最大绝对误差为 0.392 m,平均相对误差是 1.01%,确定性系数为 0.982。周口（闸上）、阜阳

（闸上）、蒙城（闸上）、蚌埠（闸上）水位的实测值和模拟值的最大绝对误差分别为 0.24 m、0.09 m、0.08 m、0.34 m；平均相对误差分别是 0.34%、0.16%、0.15%、0.90%；确定性系数分别为 0.915、0.982、0.948、0.744。从最大绝对误差、平均相对误差及确定性系数来看，各监测断面水位模拟过程线与实测过程线能够较好地拟合。

综上所述，模拟过程线和实测过程线的变化趋势基本相同，波峰、波谷基本一致，除模拟刚开始的阶段和个别波谷值外，实测值和模拟值误差较小，能够满足精度要求。

8.3 闸坝群水环境数学模型构建

8.3.1 研究区水质模型结构构建

MIKE 11 AD 模块主要模拟污染物在水体中的对流与扩散过程，通过设定一个恒定的衰减系数模拟污染物的对流与扩散过程，所以 MIKE 11 AD 模块可以作为一个简单的水质模型进行使用。MIKE 11 水质模块是在 MIKE 11 水动力模块的基础上建立起来的，需要通过参数文件编辑器来定义水质模块的参数，并通过边界文件对水质边界进行设置。

1. AD 参数文件编辑器

水质模块的参数设置是比较简单的，主要是定义模拟的水质指标，设置初始条件及衰减系数、扩散系数等。

2. AD 边界条件

在已经建立的水动力模块的边界文件中添加水质的边界条件，可以是常数 Constant 或者是时间序列的文件。所有设置水动力边界的也必须设置水质边界。

8.3.2 水质模型参数率定

1. 参数率定

在水动力模型的基础上建立水质模型，对 COD、NH_3-N 的浓度进行模拟和验证，其中模型的输入主要是流量、水位、边界 COD、NH_3-N 的浓度及污染负荷等。模型运用 2000 年资料进行率定和验证，选用 2000 年 1～9 月的 COD、NH_3-N 浓度值进行模型率定，选用 10～12 月的 COD、NH_3-N 浓度值进行模型验证。主要河流的水质模型基本参数如表 8.4 所示。

表 8.4　水质模型率定的基本参数

参数	数值	单位
扩散系数	12	m^2/s
COD 降解系数	0.05	1/d
NH_3-N 降解系数	0.1	1/d

2. 率定结果

通过不断调整模型参数，最终使模型的模拟值与实测值比较拟合，对王家坝、阜阳（闸上）和蒙城（闸上）3 个断面的 COD、NH_3-N 浓度进行率定，图 8.7 是王家坝 COD、NH_3-N 浓度实测和模拟率定过程，图 8.8 是阜阳（闸上）COD、NH_3-N 浓度实测和模拟率定过程，图 8.9 是蒙城（闸上）COD、NH_3-N 浓度实测和模拟率定过程。

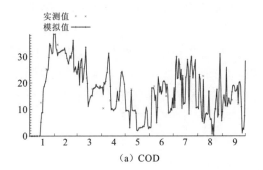
（a）COD

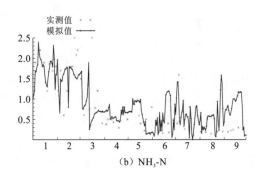
（b）NH_3-N

图 8.7　王家坝水质浓度实测和模拟率定过程

横坐标为月份，纵坐标为水质浓度（mg/L）

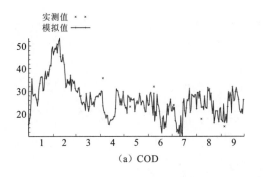
（a）COD

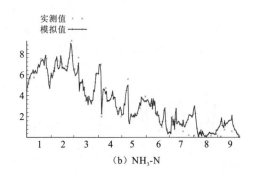
（b）NH_3-N

图 8.8　阜阳（闸上）水质浓度实测和模拟率定过程

横坐标为月份，纵坐标为水质浓度（mg/L）

根据图 8.7～图 8.9 水质浓度实测和模拟率定过程结果可知，王家坝 COD 浓度的模拟值与实测值的平均绝对误差为 2.24 mg/L，平均相对误差为 13.5%；而王家坝 NH_3-N 浓度的实测值与模拟值的平均绝对误差为 0.08 mg/L，平均相对误差为 12.3%；COD 浓

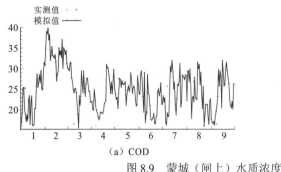
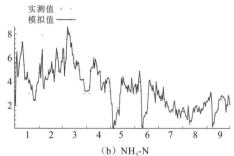

（a）COD （b）NH₃-N

图 8.9　蒙城（闸上）水质浓度实测和模拟率定过程

横坐标为月份，纵坐标为水质浓度（mg/L）

度的模拟误差比 NH₃-N 浓度的模拟误差稍大。阜阳（闸上）COD 和 NH₃-N 浓度实测值与模拟值的平均绝对误差分别是 2.93 mg/L、0.29 mg/L，两者的平均相对误差分别为 11.86%、12.84%。蒙城（闸上）COD 浓度的模拟值与实测值的平均绝对误差为 4.28 mg/L，平均相对误差为 19.19%；而蒙城（闸上）NH₃-N 浓度的实测值与模拟值的平均绝对误差为 0.29 mg/L，平均相对误差为 10.32%。

综上所述，王家坝、阜阳（闸上）及蒙城（闸上）的 NH₃-N 模拟值和实测值吻合较好，王家坝 COD 模拟值与实测值的变化趋势相似，而阜阳（闸上）、蒙城（闸上）COD 模拟值和实测值存在一定的差异，出现这种结果的可能原因一是实测数据较少，二是受河流上游闸坝调度的影响。

8.3.3　水质模型验证

为了验证模型模拟结果的科学性与正确性，对 2000 年 10～12 月各监测断面 COD、NH₃-N 浓度进行验证，图 8.10 是王家坝 COD、NH₃-N 浓度实测和模拟验证过程，图 8.11 是阜阳（闸上）COD、NH₃-N 浓度实测和模拟验证过程，图 8.12 是蒙城（闸上）COD、NH₃-N 浓度实测和模拟验证过程。

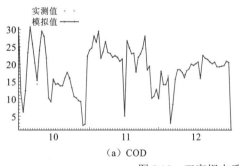
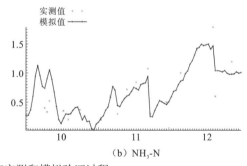

（a）COD （b）NH₃-N

图 8.10　王家坝水质浓度实测和模拟验证过程

横坐标为月份，纵坐标为水质浓度（mg/L）

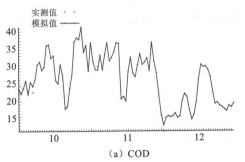
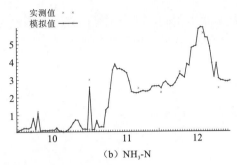

(a) COD　　　　　　　　　　　　(b) NH₃-N

图 8.11　阜阳（闸上）水质浓度实测和模拟验证过程

横坐标为月份，纵坐标为水质浓度（mg/L）

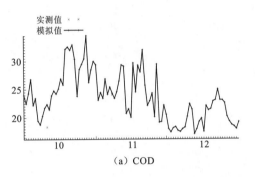
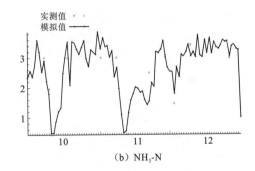

(a) COD　　　　　　　　　　　　(b) NH₃-N

图 8.12　蒙城（闸上）水质浓度实测和模拟验证过程

横坐标为月份，纵坐标为水质浓度（mg/L）

根据图 8.10～图 8.12 水质浓度实测和模拟验证过程结果可知，王家坝 COD 和 NH$_3$-N 实测浓度值与模拟浓度值的平均绝对误差分别为 1.04 mg/L、0.13 mg/L，两者的平均相对误差分别为 8.88%、23.09%；阜阳（闸上）COD 浓度的模拟值与实测值的平均绝对误差为 1.68 mg/L，平均相对误差为 10.45%，NH$_3$-N 实测浓度值与模拟浓度值的平均绝对误差是 0.20 mg/L，平均相对误差为 17.84%；蒙城（闸上）COD 和 NH$_3$-N 实测浓度值与模拟浓度值的平均绝对误差分别为 1.83 mg/L、0.25 mg/L，两者的平均相对误差分别为 10.16%、11.80%。

综上所述，COD、NH$_3$-N 模拟值和实测值的变化趋势是一致的，对比 COD 模拟值和实测值，其相对误差均在 20% 以内，能够满足精度要求。NH$_3$-N 的模拟值与实测值比较吻合，其相对误差基本在 20% 以内，一定程度上验证了模型的正确性和科学性。

8.4　小　　结

本章构建了闸坝群调度下的水动力学模型，并对水动力模型参数进行率定和验证，各断面的模拟流量值与实测流量值拟合较好，各监测断面的模拟过程线和实测过程线的趋势基本相同，除个别峰值外，实测值与模拟值均比较相近，对流量和水位的模拟具有一定的准确性。构建了闸坝群水环境数学模型，并对水质模型参数进行率定和验证，王家坝、阜阳（闸上）及蒙城（闸上）的 COD 模拟值和实测值吻合较好，王家坝 $NH_3\text{-}N$ 模拟值与实测值的变化趋势相似，而阜阳（闸上）、蒙城（闸上）COD 模拟值和实测值存在一定的差异。

第 9 章

闸坝群联合调控下的水量水质影响

水闸作为人类活动影响河流形态的主要水利工程之一，对河流流量、水质等具有一定的影响。淮河是受水利工程影响比较大的河流之一，其上修建了众多规模不一的水闸，且多集中分布在淮河中上游。本章将主要对淮河中上游干流，以及淮河主要的支流沙颍河、涡河等闸控河段的水量、水质变化过程进行研究。

9.1 情 景 设 计

以淮河中上游流域 2000 年来水条件等资料作为背景资料,运用建立的水动力模型和水质模型,进行多情景水量水质变化过程模拟。考虑来水条件的变化,闸门开度的不同等条件,共设计 9 个情景。情景 1~情景 3 是在有闸坝情况下,模拟不同来水条件下水量、水质变化过程;来水条件主要考虑来水条件不变、75%来水条件及左右岸不同来水条件相遭遇三种情况。情景 6、情景 7 是在考虑无闸门情况下,模拟不同来水条件下水量、水质的变化过程;情景 4、情景 5 是在考虑闸门开度降低 50%情况下,模拟不同来水条件下水量、水质的变化过程。情景 8 是考虑部分闸门开度降低 50%情况下,模拟来水条件不变情况下水量、水质的变化过程。具体情景设计如表 9.1 所示。

表 9.1 闸控河段情景设定

情景	闸门开度	来水条件	备注
情景 1	不变	来水条件不变	
情景 2	不变	75%来水条件	
情景 3	不变	左岸 75%来水条件,右岸来水条件不变	
情景 4	闸门开度降低 50%	来水条件不变	所有水闸开度均降低
情景 5	闸门开度降低 50%	75%来水条件	所有水闸开度均降低
情景 6	无闸门	来水条件不变	
情景 7	无闸门	75%来水条件	
情景 8	部分闸门开度降低 50%	来水条件不变	仅周口、阜阳闸门开度降低

9.2 不同来水条件下水量水质变化模拟过程分析

不同来水条件对河道流量、水质等均有不同程度的影响,本章通过情景 1、情景 2 和情景 3 对不同来水条件下水量水质的变化过程进行模拟,流量变化过程模拟结果如图 9.1 和图 9.2 所示。其中图 9.1(a)是王家坝情景 1 与情景 3 的流量过程线对比图,图 9.1(b)是周口(闸上)情景 1 与情景 3 的流量过程线对比图,图 9.1(c)是蒙城(闸上)情景 1 与情景 3 的流量过程线对比图,图 9.1(d)是蚌埠(闸上)情景 1 与情景 3 的流量过程线对比图,图 9.1(e)是王家坝情景 1、情景 2 和情景 3 的流量过程线对比图,图 9.1(f)是蚌埠(闸上)情景 1、情景 2 和情景 3 的流量过程线对比图。

根据图 9.1(a)~(d)模拟结果可知,各断面情景 1 与情景 3 的流量变化趋势大致相同,由于各河流上游来水及区间入流流量的减少,所选择的各断面的流量均呈现一定的下降趋势,而流量峰值的变化比较明显。从丰枯水期来看,丰水期流量变化比较明显,

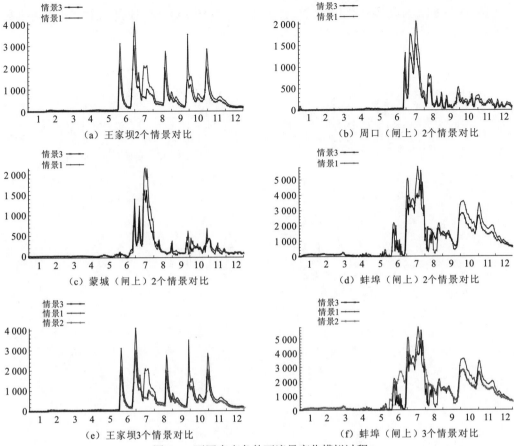

图 9.1　不同来水条件下流量变化模拟过程

横坐标为月份，纵坐标为流量（m³/s）

一方面水库闸坝丰水期蓄水，对流量具有调蓄的作用，进而使得流量峰值在一定程度上减小；另一方面区间入流的变化具有一定的叠加作用，区间入流的减少对流量峰值的影响较大。此外，图 9.1（d）流量的变化比较显著，主要是因为蚌埠闸是淮河中下游的分界线，受上游各支流及主干流流量变化的影响，同时受王家坝、周口、阜阳及蒙城等水闸的影响，这些影响叠加在一起从而导致了蚌埠（闸上）流量的变化比较显著。

　　根据图 9.1（e）和（f）中情景 2 和情景 3 可知，由于王家坝上游及淮河右岸的来水条件相同，故王家坝、周口（闸上）、阜阳（闸上）、蒙城（闸上）的流量变化过程是一致的，本节列出来王家坝三种情景下的流量变化过程。对比情景 2 和情景 3，仅淮河右岸的来水条件不同，主要受影响的是蚌埠（闸上）的流量；对比三种情景，因来水条件的变化，情景 1 的流量值基本大于情景 2 的流量值，而情景 2 的流量值基本大于情景 3 的流量值；情景 2 与情景 1、情景 3 相比，其流量变化过程发生了一定的变化，这是由于淮河左右岸两种不同来水条件相遭遇所产生的影响。

　　水质变化过程模拟结果如图 9.2 所示。其中图 9.2（a）和（b）分别是不同情景下王家坝 COD 和 NH₃-N 浓度变化过程线图，图 9.2（c）和（d）分别是不同情景下阜阳（闸上）COD 和 NH$_3$-N 浓度变化过程线图，图 9.2（e）和（f）分别是不同情景下蚌埠（闸上）COD 和 NH$_3$-N 浓度变化过程线图。

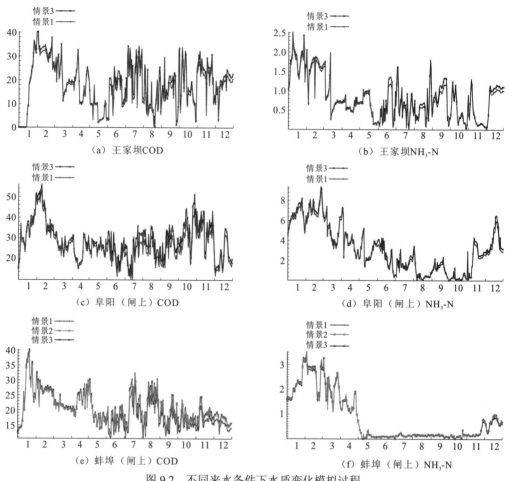

图 9.2　不同来水条件下水质变化模拟过程

横坐标为月份，纵坐标为水质浓度（mg/L）

　　由图 9.2 可知，无论是 COD 还是 NH$_3$-N 的浓度在同一断面不同来水条件下其变化趋势是相似的，这是因为上游来水量减少，COD 和 NH$_3$-N 在水体中迁移扩散的速度减小，水体中 COD 和 NH$_3$-N 的浓度有所增加。通过分析不同情景下丰枯水期 COD 和 NH$_3$-N 的浓度变化可知，丰水期的 COD 和 NH$_3$-N 的浓度变化比枯水期大，例如情景 3 时王家坝的 COD 和 NH$_3$-N 浓度变化最大时是 8 月，王家坝的 COD 浓度为 25.6 mg/L，而情景 1 时王家坝的 COD 浓度为 21.0 mg/L，两种情景 COD 的浓度差为 4.6 mg/L；情景 3 时王家坝的 NH$_3$-N 浓度为 1.82 mg/L，而情景 1 时王家坝 NH$_3$-N 的浓度为 1.58 mg/L，两种情景下 NH$_3$-N 的浓度差为 0.24 mg/L。其他断面在不同来水条件下，COD 和 NH$_3$-N 的浓度变化情况与王家坝类似，均是丰水期变化比枯水期显著，这可能是因为闸坝在丰枯水期的调蓄作用，枯水期的流量基本变化不大，而丰水期流量的减少使 COD 和 NH$_3$-N 在水体中迁移转化的速率变慢，进而使丰水期 COD 和 NH$_3$-N 的浓度变化比较显著。

根据图 9.2（a），两种情景下王家坝 COD 浓度的最大值均大于 50 mg/L，而从图 9.2（e）中可知，三种情景下蚌埠（闸上）COD 浓度的最大值均在 40 mg/L。蚌埠（闸上）NH_3-N 的浓度均比与之对应日期的王家坝 NH_3-N 的浓度低，一方面这是因为王家坝与蚌埠（闸上）距离比较大，COD 和 NH_3-N 经过不断的迁移扩散等物理变化过程，同时又经过不断的降解等化学变化；另一方面，淮河上游支流众多，在王家坝至蚌埠（闸上）河段，各支流入流量的汇入使得河道流量增加，COD 和 NH_3-N 在水中迁移扩散转化的速度加快，进而使得 COD 和 NH_3-N 的浓度不断降低。

9.3　不同闸门开度下水量水质变化模拟过程分析

对径流序列变异及主要影响因素分析可知，闸坝建设对径流序列变异有一定的影响，为研究闸坝建设对水量水质具体变化过程的影响，对不同闸门开度下水量水质的变化过程进行模拟和分析。

9.3.1　所有闸门开度降低 50%条件下水量水质变化模拟过程

1. 流量变化模拟过程

王家坝、周口（闸上）、蒙城（闸上）、阜阳（闸上）、蚌埠（闸上）在情景 4 和情景 5 下流量变化模拟过程如图 9.3 所示，其中图 9.3（a）是王家坝情景 4 与情景 5 的流量过程线对比图，图 9.3（b）是周口（闸上）情景 4 与情景 5 的流量过程线对比图，图 9.3（c）是蒙城（闸上）情景 4 与情景 5 的流量过程线对比图，图 9.3（d）是阜阳（闸上）情景 4 与情景 5 的流量过程线对比图，图 9.3（e）是蚌埠（闸上）情景 4 和情景 5 的流量过程线对比图。

由图 9.3（a）～（c）可知，当闸门开度减小 50%时，由于王家坝、周口（闸上）和蒙城（闸上）均为位于闸上的监测断面，故受闸门开度变化的影响较小；将情景 4 与情景 5 对比分析可知，在闸门开度不变的情况下，闸上断面的流量主要受上游来水的影响，因为情景 5 的上游来水条件比情景 4 的上游来水量降低 25%，所以在情景 5 时三个监测断面处的流量值与情景 4 时相比有所下降。

由图 9.3（d）和（e）可知，阜阳闸位于周口闸下游，受上游周口闸流量调蓄的影响；蚌埠闸位于淮河中游，其上游有王家坝闸，且支流有周口闸、阜阳闸及蒙城闸等，受多个闸坝的调蓄影响。因此当闸门开度降低 50%时，枯水期降水较少且河道流量和水位均比较低，尽管闸门开度降低了 50%，经过闸门时过水断面水头高程仍低于闸门开度，其对流量的影响比较小；丰水期的河道流量及水位均增加，闸门处的过水断面水头高程大于闸门开度，闸门开度降低 50%使闸后的流量减小，进而对下游水量进行调节。阜阳（闸上）断面虽然位于阜阳闸上，但是受周口闸的影响，丰水期流量减小。蚌埠闸位于淮河

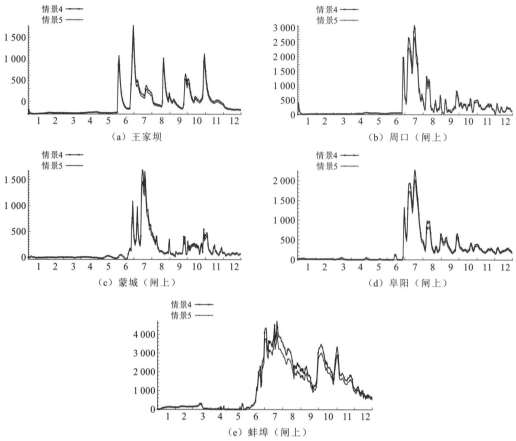

图 9.3　所有闸门开度降低 50%条件下流量变化模拟过程

横坐标为月份，纵坐标为流量（m³/s）

中游，受多个闸坝调蓄影响，由于闸门开度降低 50%，其在丰水期受到的影响更为显著，丰水期的峰值有所降低；将情景 4 与情景 5 对比发现，由于情景 4 的来水量比情景 5 来水量大，闸门开度的降低对调蓄流量峰值具有一定的作用，且情景 4 时的流量过程线较之情景 5，稍微趋于平缓。

2.水质变化模拟过程

王家坝、阜阳（闸上）、蚌埠（闸上）在情景 4 和情景 5 下水质变化模拟过程如图 9.4 所示，其中图 9.4（a）和（b）分别是情景 4 和情景 5 下王家坝 COD 和 NH₃-N 浓度变化过程线图，图 9.4（c）和（d）分别是情景 4 和情景 5 下阜阳（闸上）COD 和 NH₃-N 浓度变化过程线图，图 9.4（e）和（f）分别是情景 4 和情景 5 下蚌埠（闸上）COD 和 NH₃-N 浓度变化过程线图。

图 9.4（a）、（c）、（e）与图 9.4（b）、（d）、（f）对比可知，COD 浓度的变化幅度比较大，而 NH₃-N 浓度的变化幅度较小，说明闸门开度的变化对 COD 浓度的影响较对 NH₃-N 浓度的影响显著。在丰水期，闸门开度减小 50%，闸上水位升高，闸上水量增多，

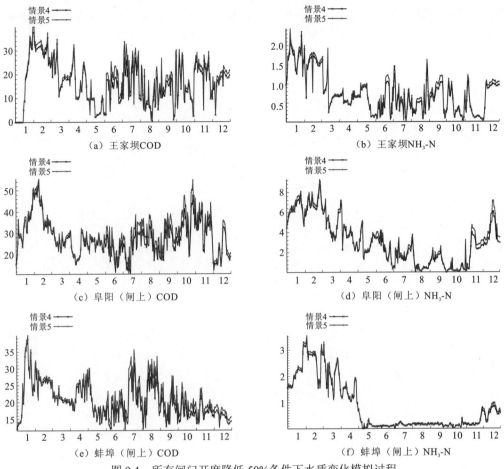

图 9.4　所有闸门开度降低 50%条件下水质变化模拟过程

横坐标为月份，纵坐标为水质浓度（mg/L）

河道水体中 COD、NH₃-N 的浓度呈下降趋势；情景 4 来水量大于情景 5 时，情景 4 时闸上的水量较多，COD 和 NH₃-N 的浓度也呈一定的下降趋势。由于王家坝、周口（闸上）、蒙城（闸上）三个监测断面均位于闸上，COD 和 NH₃-N 浓度的变化趋势基本相同，故不再一一列举分析。阜阳（闸上）及蚌埠（闸上）两个监测断面水质均受上游水闸开度的影响，枯水期时，因流量较小，故受闸坝影响较小，COD 和 NH₃-N 的浓度变化也比较小；丰水期时，因过闸流量的减小，闸下的流量也随之减小，COD 和 NH₃-N 的浓度随水体迁移、扩散、转化的速率也减小，进而使得阜阳（闸上）及蚌埠（闸上）COD、NH₃-N 的浓度有所增加。

9.3.2　部分闸门开度降低 50%条件下水量水质变化模拟过程

1.流量变化模拟过程

蚌埠（闸上）在情景 1、情景 4 和情景 8 下流量变化模拟过程如图 9.5 所示，其中情景 8 主要是通过改变周口及阜阳闸门的开度，模拟研究区流量的变化过程，主要分析淮河干流上蚌埠（闸上）的流量变化。

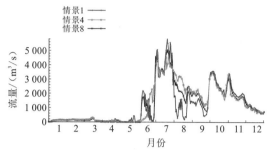

图 9.5　部分闸门开度降低 50%条件下蚌埠（闸上）流量变化模拟过程

由图 9.5 可知，在情景 8 下蚌埠（闸上）流量的最大值在 7 月，最大流量为 5 074.65 m³/s，上半年的流量平均值比下半年的流量平均值偏小；对比情景 1 和情景 8，流量变化过程基本相似，在情景 1 下蚌埠（闸上）流量的最大值也是在 7 月，最大值为 5 828.54 m³/s，由于周口闸及阜阳闸闸门开度降低了 50%，过闸流量减小，与情景 1 相比，情景 8 时的过闸流量变化过程趋势趋于平缓，且最大流量也出现一定的降低。由情景 4 和情景 8 的对比可知，由于情景 4 时王家坝、周口、阜阳、蒙城等水闸的闸门开度均降低 50%，随着各水闸过闸流量的减少，情景 4 的蚌埠（闸上）最大流量为 4 716.97 m³/s，比情景 8 的流量最大值小，且情景 4 时的流量变化过程趋势变缓。对比情景 1、情景 4 和情景 8，沙颍河为淮河最大的支流，其上周口、阜阳两个大型水闸闸门开度的变化对淮河中游蚌埠（闸上）流量的变化产生一定的影响。

2.水质变化模拟过程

在周口、阜阳水闸闸门开度降低 50%条件下，蚌埠（闸上）水质变化模拟过程如图 9.6 所示，其中图 9.6（a）是蚌埠（闸上）COD 的浓度变化模拟过程，图 9.6（b）是蚌埠（闸上）NH₃-N 的浓度变化模拟过程。

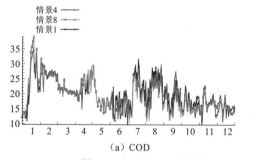
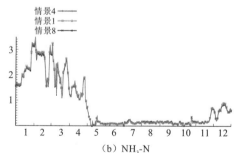

（a）COD　　　　　　　　　　（b）NH₃-N

图 9.6　部分闸门开度降低 50%条件下蚌埠（闸上）水质变化模拟过程

横坐标为月份，纵坐标为水质浓度（mg/L）

由图 9.6（a）可知，在情景 1、情景 4 和情景 8 三种情景下，COD 的最大浓度均在 30～40 mg/L，均属于 V 类水；随着周口、阜阳闸门开度的降低，过闸流量减少，污染物在闸后河段水体中迁移转化的速率降低，因此情景 8 中模拟的 COD 浓度比情景 4 中模拟的 COD 浓度大。总体来看，枯水期 COD 的浓度比丰水期的浓度大，1～4 月 COD 的浓度多在 20～40 mg/L，属于 IV 或 V 类水，而 5～12 月 COD 的浓度多在 15～30 mg/L，属于 III 或 IV 类水。

由图 9.6（b）可知，在情景 1、情景 4 和情景 8 三种情景下，NH_3-N 的最大浓度均大于 2 mg/L，属于劣 V 类水。1～4 月 NH_3-N 的浓度均在 1 mg/L 以上，属于 IV、V 及劣 V 类水，而 5～12 月 NH_3-N 的浓度均小于 0.5 mg/L，属于 I 或 II 类水。

周口、阜阳闸门开度的变化主要是对丰水期水量水质的影响，图 9.6（a）中情景 4 与情景 1 对比，丰水期 COD 的浓度变化值为 2.88 mg/L；情景 8 与情景 4 相比，丰水期 COD 浓度的变化值为 2.18 mg/L；其变化相对 NH_3-N 浓度变化较显著。图 9.6（b）中情景 4 与情景 1 对比，丰水期 NH_3-N 浓度变化值为 0.033 mg/L；情景 8 与情景 4 对比，丰水期 NH_3-N 的浓度变化值为 0.041 mg/L；变化幅度较小，故闸门开度的变化对 NH_3-N 的影响较小。综上所述，闸门开度的改变对 COD 浓度的影响较 NH_3-N 浓度的影响显著。

9.3.3　无水闸建设情况下水量水质变化模拟过程

1.流量变化模拟过程

在情景 6 和情景 7 下王家坝、阜阳（闸上）、蒙城（闸上）和蚌埠（闸上）流量变化模拟过程如图 9.7 所示，其中图 9.7（a）是王家坝情景 6 与情景 7 的流量过程线对比图，图 9.7（b）是阜阳（闸上）情景 6 与情景 7 的流量过程线对比图，图 9.7（c）是蒙城（闸上）情景 6 与情景 7 的流量过程线对比图，图 9.7（d）是蚌埠（闸上）情景 6 和情景 7 的流量过程线对比图，图 9.7（e）是阜阳（闸上）情景 6 和情景 1 的流量过程线对比图，图 9.7（f）是蚌埠（闸上）情景 6 和情景 1 的流量过程线对比图。

由图 9.7（a）～（d）可知，当情景 6 上游来水量大于情景 7 时，王家坝、阜阳（闸上）及蒙城（闸上）等监测断面的流量与蚌埠（闸上）监测断面的流量相比，蚌埠（闸上）断面的流量变化比较明显。由图 9.7（e）和（f）可知，无水闸建设情况下的流量变化过程与有水闸建设情况下的流量变化过程的趋势相似，由于水闸对上游来水的调蓄作用，无水闸情况下丰水期流量峰值更大，而枯水期流量则比有水闸建设情况下减小，这说明水闸在丰水期蓄水，而在枯水期放水，进而起到调节流量的作用。综上可知，蚌埠（闸上）断面受水闸建设及上游来水影响比较大。

2. 水质变化模拟过程

在情景 6 和情景 7 下王家坝、阜阳（闸上）、蚌埠（闸上）水质变化模拟过程如图 9.8 所示，其中图 9.8（a）和（b）分别是情景 6 和情景 7 下王家坝 COD 和 NH_3-N 浓度

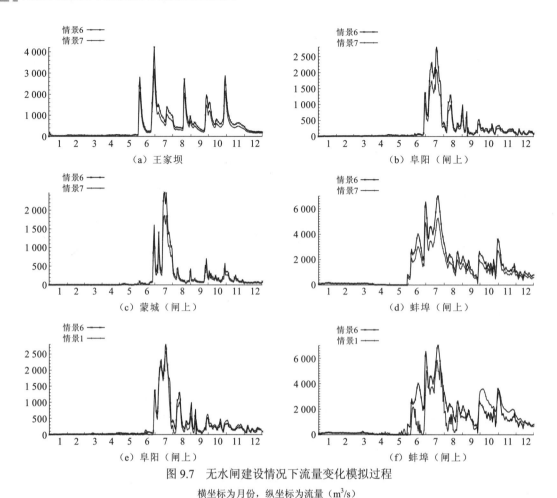

图 9.7　无水闸建设情况下流量变化模拟过程

横坐标为月份，纵坐标为流量（m³/s）

变化过程线图，图 9.8（c）和（d）分别是情景 6 和情景 7 下阜阳（闸上）COD 和 NH₃-N 浓度变化过程线图，图 9.8（e）和（f）分别是情景 6 和情景 7 下蚌埠（闸上）COD 和 NH₃-N 浓度变化过程线图。

由图 9.8 可知，在无闸情况下 COD 浓度的变化幅度比 NH₃-N 浓度的变化幅度大，王家坝 COD 浓度最大变幅为 3.63 mg/L，阜阳（闸上）COD 浓度变化幅度最大为 5.04 mg/L，蚌埠（闸上）COD 浓度的最大变幅为 4.11 mg/L，说明来水条件的不同对 COD 浓度的影响比较大。情景 6 与情景 7 对比，因为均是模拟无闸情况下不同来水条件对水质的影响，情景 7 的来水条件比情景 6 的来水条件减少 25%，所以情景 7 时模拟的 COD 和 NH₃-N 的浓度均比情景 6 时略大。

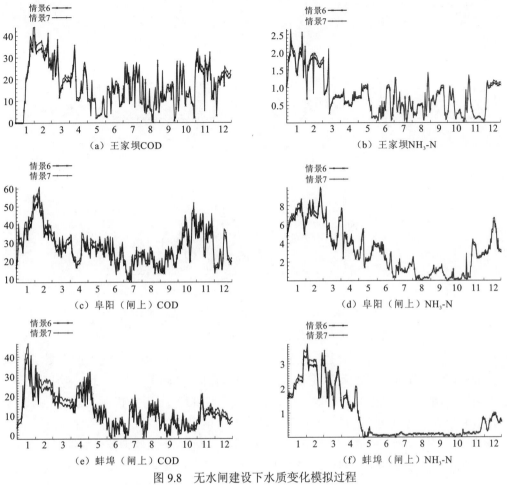

（a）王家坝COD

（b）王家坝NH₃-N

（c）阜阳（闸上）COD

（d）阜阳（闸上）NH₃-N

（e）蚌埠（闸上）COD

（f）蚌埠（闸上）NH₃-N

图 9.8　无水闸建设下水质变化模拟过程

横坐标为月份，纵坐标为水质浓度（mg/L）

9.4　相同来水条件下水量水质变化模拟过程分析

1.水量变化模拟过程

在来水条件均不变的情况下，有闸（情景 1）、无闸（情景 6）和闸门开度变化（情景 4）对流量变化模拟过程的影响如图 9.9 所示，其中图 9.9（a）是在情景 1、情景 4 和情景 6 下王家坝流量变化模拟过程；图 9.9（b）是在情景 1、情景 4 和情景 6 下蒙城（闸上）流量变化模拟过程；图 9.9（c）是在情景 1、情景 4 和情景 6 下蚌埠（闸上）流量变化模拟过程。

由图 9.9（a）和（b）可知，王家坝、蒙城（闸上）等监测断面位于闸上，无论是有无水闸建设还是改变水闸开度情况下，其流量的变化趋势基本相同。根据图 9.9（c）可知，蚌埠（闸上）在不同水闸开度下，其流量过程发生一定的变化。对情景 1 和情景 6

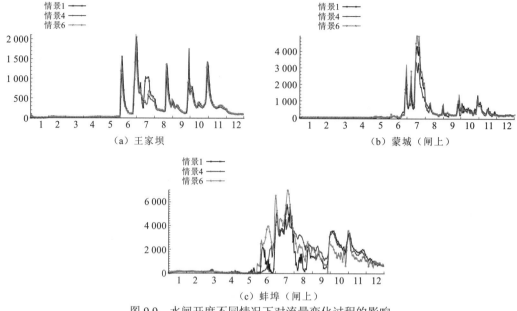

图 9.9　水闸开度不同情况下对流量变化过程的影响

横坐标为月份，纵坐标为流量（m³/L）

对比分析可知，由于蚌埠（闸上）断面位于淮河中游，蚌埠（闸上）受上游王家坝水闸、支流周口闸、阜阳闸、蒙城闸等的影响，丰水期时蚌埠（闸上）断面以上闸坝对河流流量峰值进行调蓄，起到削减洪峰的作用，故情景 6 时蚌埠（闸上）因丰水期无水闸调控，其流量峰值大于有水闸建设或者水闸开度改变时的流量峰值；枯水期时为保证河道基流，水闸放水，王家坝闸、阜阳闸、蒙城闸等闸后的水量增大，水闸调控使蚌埠（闸上）断面以上河段的来水量增大，进而调节蚌埠（闸上）断面的流量；在情景 6 下，由于无水闸对枯水期河道流量的调节，蚌埠（闸上）断面以上的来水量减小，进而影响蚌埠（闸上）断面的流量变化。此外，对于情景 4，由于闸门开度的降低，对丰水期闸后断面的影响更为显著，与闸门全开时相比，闸后断面的流量峰值降低，流量过程线趋于平缓。综上所述，水闸建设及闸门开度改变对闸后流量的调蓄作用显著，同时上游水闸及各支流水闸的建设对干流中下游河道流量影响显著。

2. 水质变化模拟过程

在来水条件均不变的情况下，有闸（情景 1）、无闸（情景 6）和闸门开度变化（情景 4）对水质变化模拟过程的影响如图 9.10 所示，其中图 9.10（a）～（c）分别是在情景 1、情景 4 和情景 6 下王家坝、阜阳（闸上）、蚌埠（闸上）COD 浓度变化模拟过程；图 9.10（d）～（f）分别是在情景 1、情景 4 和情景 6 下王家坝、阜阳（闸上）、蚌埠（闸上）NH₃-N 浓度变化模拟过程。

由图 9.10（a）～（c）可知，水闸建设及改变闸门开度对闸下河道水质的影响比较显著。从图 9.10（a）中可以看出，由于王家坝监测断面位于王家坝闸上游，随着王家坝闸门开度的降低，闸上水量增多，COD 的浓度在水体中扩散转化的速率增加，进而使得

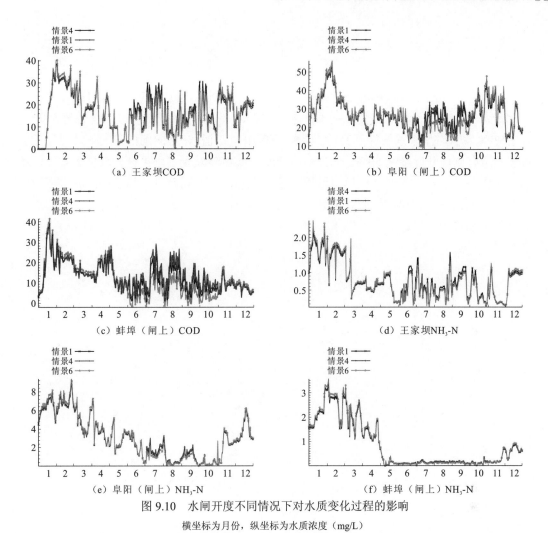

图 9.10　水闸开度不同情况下对水质变化过程的影响

横坐标为月份，纵坐标为水质浓度（mg/L）

闸上水体中 COD 的浓度降低，但因水闸对上游的影响较小，COD 的浓度降低幅度不大。由图 9.10（b）和（c）可知，阜阳（闸上）及蚌埠（闸上）断面处的 COD 浓度均受上游水闸开度改变的影响。情景 1 和情景 4 对比，由于闸门开度的降低，闸下的水量减少，COD 在水体中迁移转化的速率降低，水体中 COD 的浓度增加；由于水闸对丰水期的调蓄作用比较明显，故阜阳（闸上）、蚌埠（闸上）断面的 COD 浓度在丰水期增加的幅度较大。此外，阜阳（闸上）断面受周口闸闸门开度的影响，而蚌埠闸除受上游王家坝水闸闸门开度的影响外，还受到各支流上水闸闸门开度改变的影响，所以蚌埠（闸上）断面处 COD 的浓度变化较阜阳（闸上）处显著。由图 9.10（d）～（f）可知，各断面处 NH_3-N 浓度的变化没有 COD 浓度变化显著，由此也说明了闸门开度对闸后河道水体中 COD 浓度的影响比较大。

9.5 小 结

本章在构建闸坝群水环境数学模型的基础上，分析了不同情景下闸坝群联合调度对其水量水质的影响作用，主要包括不同来水条件下（来水条件不变、75%来水条件及左岸 75%来水且右岸来水条件不变）水量水质变化模拟过程、不同闸门开度下（闸门开度不变、所有闸门开度降低 50%、部分闸门开度降低 50%及无水闸条件）水量水质变化和相同来水条件下水量水质变化模拟过程。结果表明，在不同情景下闸坝群河流水环境变化具有不同的变化规律，但同时又具有一定的相似性。总体来说，闸坝建设对河流水生态环境影响作用明显。

参 考 文 献

《中国水利年鉴》编纂委员会, 2003. 中国水利年鉴(2002)[M]. 北京: 中国水利水电出版社.

安文超, 李小明, 2008. 南四湖及主要入湖河流表层沉积物对磷酸盐的吸附特征[J]. 环境科学, 29(5): 1295-1302.

鲍林林, 陈永娟, 王晓燕, 2015. 北运河沉积物中氨氧化微生物的群落特征[J]. 中国环境科学, 35(1): 179-189.

蔡守华, 胡欣, 2008. 河流健康的概念及指标体系和评价方法[J].水利水电科技进展(1): 23-27.

曹巧丽, 2008. 水动力条件下蓝藻水华生消的模拟实验研究与探讨[J]. 灾害与防治工程(1): 67-71.

柴蓓蓓, 2012. 水源水库沉积物多相界面污染物迁移转化与污染控制研究[D]. 西安: 西安建筑科技大学.

长江水利委员会, 1997. 三峡工程生态环境影响研究[M]. 武汉: 湖北科学技术出版社.

陈豪, 左其亭, 窦明, 等, 2014. 闸坝调度对污染河流水环境影响综合实验研究[J]. 环境科学学报, 34(3): 763-771.

陈玺, 郭卫, 2016. 基于 RVA 法的黄河中游建库后河道水文变异分析[J]. 水电能源科学(11): 5-8.

陈广才, 谢平, 2006. 水文变异的滑动 F 识别与检验方法[J]. 水文, 26(5): 57-60.

陈广才, 谢平, 2008. 基于启发式分割算法的水文变异分析研究[J]. 中山大学学报(自然科学版), 47(5): 122-125.

陈炼钢, 施勇, 钱新, 等, 2013. 闸控大型河网水量水质耦合模拟及水环境预警[M]. 北京: 科学出版社.

陈炼钢, 施勇, 钱新, 等, 2014a. 闸控河网水文-水动力-水质耦合数学模型: I. 理论[J]. 水科学进展, 25(4): 534-541.

陈炼钢, 施勇, 钱新, 等, 2014b. 闸控河网水文-水动力-水质耦合数学模型: II. 应用[J]. 水科学进展, 25(6): 856-863.

陈瑞生, 1988. 河流重金属污染研究[M]. 北京: 中国环境科学出版社.

褚健婷, 夏军, 许崇育, 等, 2009. 海河流域气象和水文降水资料对比分析及时空变异[J]. 地理学报, 64(9): 1083-1092.

褚君达, 徐惠慈, 1992. 河网水质模型及其数值模拟[J]. 河海大学学报, 20(1): 16-22.

崔凯, 2012. 闸坝对河流水质水量影响评价研究[D]. 郑州: 郑州大学.

崔凯, 高军省, 左其亭, 等, 2011. 闸坝对河流水质水量的影响评价研究[J]. 长江大学学报(自然科学版), 8(6): 12-14, 32.

崔伟中, 2007. 珠江河口水环境的时空变异及对生态系统的影响[D]. 南京: 河海大学.

戴昱, 汪德爟, 杜迎燕, 等, 2007. 受潮汐影响的闸控河网水质的模拟[J]. 河海大学学报(自然科学版), 35(2): 135-139.

邓义祥, 郑丙辉, 雷坤, 等, 2008. 水质模型参数识别与验证的探讨[J]. 环境科学与管理, 33(5): 42-45.

丁晶, 1986. 洪水时间序列干扰点的统计推估[J]. 武汉水利电力学院学报(5): 36-41.

窦明, 谢平, 李重荣, 等, 2002. 综合水质模型参数识别研究[J]. 重庆环境科学, 24(6): 70-73.

窦明, 谢平, 陈晓宏, 等, 2007. 潮汐作用对河网区重金属输移的影响[J]. 水利学报, 38(8): 966-971.

窦明, 郑保强, 左其亭, 等, 2013. 闸控河段氨氮浓度与主要影响因子的量化关系识别[J]. 水利学报(8): 934-941.

窦明, 米庆彬, 2014a. 闸控河段水质多相转化机理与模型研究[J]. 水电能源科学, 32(10): 34-38, 17.

窦明, 左其亭, 2014b. 水环境学[M]. 北京: 中国水利水电出版社.

窦明, 米庆彬, 李桂秋, 等, 2016a. 闸控河段水质转化机制研究 I: 模型研制[J]. 水利学报, 47(4): 527-536.

窦明, 米庆彬, 李桂秋, 等, 2016b. 闸控河段水质转化机制研究 II: 主导反应机制[J]. 水利学报, 47(5): 635-643.

杜峋, 戴荣法, 张世闻, 1997. 闸孔流量系数综合分析[J]. 水文, 5: 39-45.

龚春生, 姚琪, 赵棣华, 等, 2006. 浅水湖泊平面二维水流-水质-底泥污染模型研究[J]. 水科学进展, 17(4): 496-501.

郭文献, 张亮, 王鸿翔, 等, 2010. 闸坝工程建设对北运河水量水质影响研究[J]. 灌溉排水学报, 29(6): 56-59.

韩龙喜, 金忠青, 1998. 三角联解法水力水质模型的糙率反演及面污染源计算[J]. 水利学报(7): 30-34.

何睿, 庞博, 张兰影, 2015. 基于水文变异诊断系统的黑河流域上中游径流序列变异[J]. 生态学杂志, 34(7): 1937-1942.

胡珺, 2015. 基于 QUAL2K 模型的水质模拟与水质风险评价[J]. 南水北调与水利科技, 13(6): 1093-1096.

胡彩霞, 谢平, 许斌, 等, 2012. 基于基尼系数的水文年内分配均匀度变异分析方法: 以东江流域龙川站径流序列为例[J]. 水力发电学报, 31(6): 7-13.

胡巍巍, 2012. 蚌埠闸及上游闸坝对淮河自然水文情势的影响[J]. 地理科学, 32(8): 1013-1019.

黄登仕, 李后强, 1990. 分形几何学、R/S 分析与分式布朗运动[J]. 自然杂志, 12(8): 477-483.

黄岁樑, 万兆惠, 张朝阳, 1995. 冲积河流重金属污染物迁移转化数学模型研究[J]. 水利学报(1): 47-56.

贾金生, 袁玉兰, 李铁洁, 2004. 2003 年中国及世界大坝情况[J]. 中国水利(13): 25-33.

金光球, 魏杰, 张向洋, 等, 2019. 平原河流水沙界面生源物质迁移转化过程及水环境调控的研究进展[J]. 水科学进展, 30(3): 434-444.

金忠青, 韩龙喜, 1998. 一种新的平原河网水质模型: 组合单元水质模型[J]. 水科学进展, 9(1): 35-40.

李想, 2005. 我国十大江河流域降水和温度长期变化趋势的研究[D]. 北京: 中国气象科学研究院.

李彬彬, 谢平, 李桥男, 等, 2014. 基于 Hurst 系数与 Bartels 检验的水文变异联合分析方法[J]. 应用基础与工程科学学报, 22(3): 481-491.

李冬锋, 左其亭, 2012b. 闸坝调控对重污染河流水质水量的作用研究[J]. 水电能源科学(10): 26-29, 213.

李冬锋, 左其亭, 2014. 重污染河流闸坝作用分析及调控策略研究[J]. 人民黄河, 36(8): 87-90.

李冬锋, 左其亭, 刘子辉, 等, 2012a. 闸坝调控下重污染河流污染物迁移规律研究[J]. 人民黄河, 34(5): 66-68, 72.

李锦秀, 廖文根, 黄真理, 2002. 三峡水库整体一维水质数学模拟研究[J]. 水利学报(12): 7-10, 17.

李义天, 邓金运, 孙昭华, 等, 2004. 河流水沙灾害及其防治[M]. 武汉: 武汉大学出版社.

梁欣阳, 卢玉东, 孙东永, 等, 2016. 基于突变检验的黄河上游生态水文变异分析[J]. 中国农村水利水电

(10): 1-5, 10.

林玉环, 1985. 汞污染河流底质迁移模式研究[J]. 环境科学学报, 5(2): 276-285.

刘睿, 夏军, 2013. 气候变化和人类活动对淮河上游径流影响分析[J]. 人民黄河, 35(9): 30-33.

刘洋, 于洋, 王晓燕, 等, 2016. 北运河闸坝区水体氨氧化微生物及硝化活性特征研究[J]. 环境科学学报, 36(11): 4044-4052.

刘信安, 吴昊, 2004. 三峡水域重金属化学污染归趋行为的多介质等量浓度计算模型[J]. 计算机与应用化学, 21(2): 299-304.

刘子辉, 左其亭, 赵国军, 等, 2011. 闸坝调度对污染河流水质影响的实验研究[J]. 水资源与水工程学报, 22(5): 34-37.

龙天渝, 刘腊美, 郭蔚华, 等, 2008. 流量对三峡库区嘉陵江重庆主城段藻类生长的影响[J]. 环境科学研究, 21(4): 104-108.

陆文秀, 刘丙军, 陈俊凡, 等, 2014. 近50a来珠江流域降水变化趋势分析[J]. 自然资源学报(1): 80-90.

米庆彬, 窦明, 郭瑞丽, 2014. 水闸调控对河流水质–水生态过程影响研究[J]. 水电能源科学, 32(5): 29-32.

莫崇勋, 阮俞理, 莫桂燕, 等, 2018. 水文变异对水库汛期分期及汛限水位确定的影响[J]. 水利水电技术, 49(2): 1-7.

潘承毅, 何迎晖, 1992. 数理统计的原理与方法[M]. 上海: 同济大学出版社.

逄勇, 韩涛, 李一平, 等, 2007. 太湖底泥营养要素动态释放模拟和模型计算[J]. 环境科学, 28(9): 1960-1964.

彭虹, 郭生练, 2002. 汉江下游河段水质生态模型及数值模拟[J]. 长江流域资源与环境, 11(4): 363-369.

P. K. 斯旺米, B. C. 巴萨克, 陶芳春, 1993. 闸孔出流的水力计算[J]. 浙江水利科技(4): 57-58, 5.

阮燕云, 张翔, 夏军, 等, 2009. 闸门对河道污染物影响的模拟研究[J]. 武汉大学学报(工学版), 42(9): 673-676.

盛骤, 谢世千, 潘承毅, 2001. 概率论与数理统计[M]. 北京: 高等教育出版社.

苏斌, 2019. 滇池宝象河径流过程氮素赋存形态转化机理及其对氮输移通量的影响研究[D]. 昆明: 云南师范大学.

孙东坡, 1999. 治河及泥沙工程[M]. 郑州: 黄河水利出版社.

孙山泽, 2000. 非参数统计讲义[M]. 北京: 北京大学出版社.

索丽生, 2005. 闸坝与生态[J]. 中国水利(16): 5-7.

田凯达, 刘晓薇, 王慧, 等, 2019. MIKE11 模型在合肥市十五里河水质改善研究中的应用[J]. 水文, 39(4): 18-23.

王艳, 彭虹, 张万顺, 等, 2007. 浅水水体生态修复的数值模拟[J]. 人民长江, 38(1): 98-100.

王凯雄, 朱优峰, 2010. 水化学(第二版)[M]. 北京: 化学工业出版社.

王珂清, 2013. 近五十年淮河流域气候变化与未来情景预估[D]. 南京: 南京信息工程大学.

王珂清, 曾燕, 谢志清, 等, 2012. 1961～2008 年淮河流域气温和降水变化趋势[J]. 气象科学, 32(6): 671-677.

王孝礼, 胡宝清, 夏军, 2002. 水文时序趋势与变异点的 R/S 分析法[J]. 武汉大学学报(工学版), 35(2):

10-12.

王涌泉, 1958. 坝上孔流系数[J]. 水利学报(3): 77-89.

卫志宏, 杨振祥, 唐雄飞, 等, 2013. 洱海湖泊及湖湾水质水生态模型及特征分析[J]. 昆明理工大学学报(自然科学版), 38(2): 93-101.

吴睿, 葛苏阳, 郭效光, 等, 2020. 基于 MIKE11 模型的十五里河动态水环境容量分析[J]. 安徽农业大学学报, 47(2): 288-293.

吴持恭, 2008. 水力学(第四版)[M]. 北京: 高等教育出版社.

吴时强, 丁道扬, 吴碧君, 等, 1996. 平面二维动态水质数学模型[J]. 水动力学研究与进展: A 辑(6): 653-660.

吴挺峰, 周鳄, 崔广柏, 等, 2006. 河网概化密度对河网水量水质模型的影响研究[J]. 人民黄河, 28(3): 46-48.

吴雨华, 王晓丽, 董德明, 等, 2006. 南湖水体多相介质中重金属元素的分布特征[J]. 吉林大学学报(理学版), 44(1): 130-136.

吴子怡, 谢平, 桑燕芳, 等, 2018. 基于相关系数的水文序列跳跃变异分级原理与方法[J]. 应用生态学报, 29(4): 1042-1050.

夏军, 2007. 水利工程建设对河流环境影响与生态修复调控的途径[J]. 水科学研究(1): 1-11.

夏军, 穆宏强, 邱训平, 等, 2001a. 水文序列的时间变异性分析[J]. 长江职工大学学报, 18(3): 1-4, 26.

夏军, 窦明, 张华, 2001b. 汉江富营养化动态模型研究[J]. 三峡环境与生态, 23(1): 20-23.

肖宜, 夏军, 申明亮, 等, 2001. 差异信息理论在水文时间序列变异点诊断中的应用[J]. 中国农村水利水电(11): 28-30.

萧洁儿, 曾凡棠, 房怀阳, 2009. 感潮河区水闸对水质影响的数学模拟研究[J]. 广东水利水电(12): 10-13.

谢平, 陈广才, 雷红富, 2007. 西北江三角洲马口站和三水站水文泥沙序列变异分析[A]//中国水力发电工程学会水文泥沙专业委员会. 中国水力发电工程学会水文泥沙专业委员会第七届学术讨论会论文集(上册): 5.

谢平, 雷红富, 陈广才, 等, 2008. 基于 Hurst 系数的流域降雨时空变异分析方法[J]. 水文, 28(5): 6-10.

谢平, 陈广才, 雷红富, 2009. 基于 Hurst 系数的水文变异分析方法[J]. 应用基础与工程科学学报, 17(1): 32-39.

谢平, 唐亚松, 陈广才, 等, 2010. 西北江三角洲水文泥沙序列变异分析: 以马口站和三水站为例[J]. 泥沙研究(5): 26-31.

谢平, 唐亚松, 李彬彬, 等, 2014. 基于相关系数的水文趋势变异分级方法[J]. 应用基础与工程科学学报, 22(6): 1089-1097.

熊立华, 周芬, 肖义, 等, 2003. 水文时间序列变点分析的贝叶斯方法[J]. 水电能源科学, 21(4): 39-41.

徐聪, 2018. 典型河口水库痕量有机污染物赋存特征及其迁移转化模拟研究[D]. 上海: 上海交通大学.

徐贵泉, 宋德蕃, 黄士力, 等, 1996. 感潮河网水量水质模型及其数值模拟[J]. 应用基础及工程科学学报(1): 94-105.

徐祖信, 尹海龙, 2003a. 黄浦江二维水质数学模型研究[J]. 水动力学研究与进展: A 辑, 18(3): 261-265.

徐祖信, 卢士强, 2003b. 平原感潮河网水质模型研究[J]. 水动力学研究与进展: A辑, 18(2): 182-188.

许斌, 2013. 变化环境下区域水资源变异与评价方法不确定性[D]. 武汉: 武汉大学.

杨扬, 吴晓燕, 管卫兵, 2012. 长江口及邻近海域枯季水质生态模拟研究[J]. 海洋学研究, 30(3): 16-28.

杨春平, 袁兴中, 曾光明, 1995a. 二维弯曲分汊河流水质数值计算[J]. 湖南大学学报(自然科学版), 22(2): 38-43.

杨春平, 曾光明, 1995b. 有限单元法在复杂河段二维水质模型计算中的应用[J]. 环境科学与技术(3): 1-5.

杨志勇, 袁喆, 马静, 等, 2013. 近50年来淮河流域的旱涝演变特征[J]. 自然灾害学报, 22(4): 32-40.

姚保垒, 窦明, 梁永会, 等, 2011. 河流重金属迁移转化分相模型研究[J]. 人民黄河, 33(4): 75-78.

叶守泽, 夏军, 郭生练, 等, 1998. 水库水环境模拟预测与评价[M]. 北京: 中国水利水电出版社.

张丽, 吴金亮, 杨国范, 等, 2013. QUAL2K模型在苏子河水质模拟中的应用[J]. 人民黄河, 35(12): 83-85.

张强, 李剑锋, 陈晓宏, 等, 2011. 水文变异下的黄河流域生态流量[J]. 生态学报, 31(17): 4826-4834.

张美英, 2020. 基于MIKE11模型构建的流域现状年水量水质模拟[J]. 水科学与工程技术(1): 5-8.

张明亮, 沈永明, 2008. 河网水动力及综合水质模型的研究[J]. 中国工程科学(10): 131-134.

张一驰, 周成虎, 李宝林, 2005. 基于Brown-Forsythe检验的水文序列变异点识别[J]. 地理研究, 24(5): 741-748.

张永勇, 夏军, 王纲胜, 等, 2007. 淮河流域闸坝联合调度对河流水质影响分析[J]. 武汉大学学报(工学版), 40(4): 31-35.

张永勇, 夏军, 程绪水, 等, 2011. 多闸坝流域水文环境效应研究及应用[M]. 北京: 中国水利水电出版社.

章珂, 2010. 中国大型水利工程建设过热已导致生态环境重大改变[N]. 第一财经日报, 2010-11-12(2).

赵娟, 李冬锋, 左其亭, 2012. 颍上闸汛前泄流量对淮河干流水质影响[J]. 南水北调与水利科技(4): 21-23, 29.

赵棣华, 戚晨, 庾维德, 等, 2000. 平面二维水流-水质有限体积法及黎曼近似解模型[J]. 水科学进展, 11(4): 368-374.

赵汗青, 唐洪武, 李志伟, 等, 2015. 河湖水沙对磷迁移转化的作用研究进展[J]. 南水北调与水利科技, 13(4): 643-649.

赵银军, 丁爱中, 沈福新, 等, 2013. 河流功能理论初探[J]. 北京师范大学学报(自然科学版), 49(1): 68-74.

郑保强, 2012. 水闸调度对河流水质作用机制及可调性研究[D]. 郑州: 郑州大学.

郑保强, 窦明, 左其亭, 等, 2011. 闸坝调度对水质改善的可调性研究[J]. 水利水电技术, 42(7): 28-31.

郑保强, 窦明, 黄李冰, 等, 2012a. 水闸调度对河流水质变化的影响分析[J]. 环境科学与技术(2): 14-18, 24.

郑泳杰, 张强, 陈晓宏, 2015. 1961~2005年淮河流域降水时空演变特征分析[J]. 武汉大学学报(理学版), 61(3): 247-254.

中华人民共和国水利部. 2017. 全国水利发展统计公报(2016年)[R]. 北京: 中国水利水电出版社.

周丽萍, 杨海波, 黄诗峰, 等, 2014. 基于 Hurst 系数的安徽省气候时空变化分析[J]. 水利水电技术(4): 7-10.

周园园, 师长兴, 范小黎, 等, 2011. 国内水文序列变异点分析方法及在各流域应用研究进展[J]. 地理科学进展, 30(11): 1361-1369.

周正印, 杨楠, 2019. 基于三维数值模型的河道水质动态模拟研究[J]. 环境保护科学, 45(12): 108-113.

朱俊, 2005. 水坝拦截对乌江生源要素生物地球化学循环的影响[D]. 北京: 中国科学院研究生院.

庄常陵, 2003. 相关系数检验法与方差分析一致性的讨论[J]. 高等函授学报, 16(4): 11-14.

邹悦, 张勃, 戴声佩, 等, 2011. 黑河流域莺落峡站水文过程变异点的识别与分析[J]. 资源科学, 33(7): 1264-1271.

左其亭, 高洋洋, 刘子辉, 2010. 闸坝对重污染河流水质水量作用规律的分析与讨论[J]. 资源科学, 32(2): 261-266.

左其亭, 李冬锋, 2013a. 基于模拟–优化的重污染河流闸坝群防污调控研究[J]. 水利学报, 44(8): 979-986.

左其亭, 李冬锋, 2013b. 重污染河流闸坝防污限制水位研究[J]. 水利水电技术(1): 22-26.

AHMET K, KADRI Y, CENGIZ O, 2006. Effects of Kilickaya Dam on concentration and load values of water quality constituents in Kelkit Stream in Turkey[J]. Journal of Hydrology, 317(1-2): 17-30.

ALBANAKIS K, MITRAKAS M, MOUSTAKA-GOUNI M, et al., 2001. A Determination of the environmental parameters that influence sulphide formation in the newly formed Thesaurus reservoir, in Nestos River, Greece[J]. Fresenius Environmental Bulletin, 10(6): 566-571.

BARLOW K, NASH D, GRAYSON R, 2004. Investigating phosphorus interactions with bed sediments in a fluvial environment using a recirculating flume and intact soil cores[J]. Water Research, 38(14/15): 3420-3430.

BARTHOLOW J M, CAMPBELL S G, FLUG M, 2004. Predicting the thermal effects of dam removal on the Klamath River [J]. Environmental Management, 34(6): 856-874.

BEDNAREK A T, 2001. Undamming rivers: A review of the ecological impacts of dam removal[J]. Environmental Management, 27(6): 803-814.

BROWN M B, FORSYTHE A B, 1974a. The small sample behavior of some statistics which test the equality of several means[J]. Technometrics, 16(1): 129-132.

BROWN M B, FORSYTHE A B, 1974b. The ANOVA and multiple comparisons for data with heterogeneous variances[J]. Bio-metrics, 30(4): 719-724.

BURN D H, HAG ELNUR M A, 2002. Detection of hydrologic trends and variability[J]. Journal of Hydrology, 255(1): 107-122.

CERCO C F, COLE T, 1995. User's Guide to the CE-QUAL-ICM Three-Dimensional Eutrophication Model, Release Version 1.0[R]. U.S. Army Corps of Engineers Waterways Experiment Station.

CHAO X B, JIA Y F, SHIELDS D J, et al., 2007. Numerical modeling of water quality and sediment related processes[J]. Ecological Modelling, 201(3-4): 385-397.

CHAPRA S C, PELLETIER G J, TAO H, 2008. QUAL2K: A Modeling Framework for Simulating River and

Stream Water Quality, Version 2.11: Documentation and Users Manual[R]. Medford, MA.: Civil and Environmental Engineering Dept., Tufts University.

CHATTERJEE S, KHAN A, AKBARI H, et al., 2016. Monotonic trends in spatio-temporal distribution and concentration of monsoon precipitation (1901-2002), West Bengal, India[J]. Atmospheric Research, 182: 54-75.

CHRISTOPHER S W, MACKAY D, BAHADUR N P, et al., 2002. A suite of multi-segment fugacity models describing the fate of organic contaminants in aquatic systems: application to the Rihand Reservoir, India[J]. Water Research, 36(17): 4341-4355.

CHUNG E G, FABIÁN A B, SCHLADOW S G, 2009. Modeling linkages between sediment resuspension and water quality in a shallow, eutrophic, wind-exposed lake[J]. Ecological Modelling, 220(9-10): 1251-1265.

CIFFROY P, MOULIN C, GAILHARD J, 2000. A model simulating the transport of dissolved and particulate copper in the Seine river[J]. Ecological Modelling, 127(2-3): 99-117.

CONTRERAS W A, GINESTAR D, PARAÍBA L C, et al., 2008. Modelling the pesticide concentration in a rice field by a level IV fugacity model coupled with a dispersion-advection equation[J]. Computers & Mathematics with Applications, 56(3): 657-669.

DEGEFU M A, BEWKET W, 2017. Variability, trends, and teleconnections of stream flows with large-scale climate signals in the Omo-Ghibe River Basin, Ethiopia[J]. Environmental Monitoring and Assessment, 189(4): 142.

DERY S J, STADNYK T A, MACDONALD M K, et al., 2016. Recent trends and variability in river discharge across northern Canada[J]. Hydrology and Earth System Sciences, 20(12): 4801-4818.

DOMINGUES R B, BARBOSA A B, SOMMER U, et al., 2012. Phytoplankton composition, growth and production in the Guadiana estuary(SW Iberia): Unraveling changes induced after dam construction[J]. Science of The Total Environment(416): 300-313.

HAMED K H, 2008. Trend detection in hydrologic data: The Mann-Kendall trend test under the scaling hypothesis[J]. Journal of Hydrology, 349(3-4): 350-363.

HAMED K H, RAO A R, 1998. A modified Mann-Kendall trend test for autocorrelated data[J]. Journal of Hydrology, 204(1): 182-196.

IRANNEZHAD M, CHEN D, KLOVE B, 2015. Interannual variations and trends in surface air temperature in Finland in relation to atmospheric circulation patterns, 1961-2011[J]. International Journal of Climatology, 35(10): 3078-3092.

IZACAR M, GRIFOLL J, GIRALT F, et al., 2010. Multimedia environmental chemical partitioning from molecular information [J]. Science of The Total Environment, 409(2): 412-422.

KENDALL M G, 1975. Rank Correlation Methods[M]. London: Charles Griffin.

KHAZHEEVA Z, PLYUSNIN A, 2016. Variations in climatic and hydrological parameters in the Selenga River basin in the Russian Federation[J]. Russian Meteorology and Hydrology, 41(9): 640-647.

LAI Y C, YANG C P, HSIEH C Y, et al., 2011. Evaluation of non-point source pollution and river water quality using a multimedia two-model system[J]. Journal of Hydrology, 409(3-4): 583-595.

LEE A F S, HEGHINIAN S M, 1977. A shift of the mean level in a sequence of independent normal random variable: A Bayesian Approach[J]. Technometrics, 19(4): 503-506.

LI J, TAN S, WEI Z, et al., 2014. A New method of change point detection using variable fuzzy sets under environmental change[J]. Water Resources Management, 28(14): 5125-5138.

LI Z, TANG H, XIAO Y, et al., 2015. Factors influencing phosphorus adsorption onto sediment in a dynamic environment[J]. Journal of Hydro-environment Research(10): 1-11.

LOPES F G, CARMO J S A D, CORTES M V, 2003. Influence of dam-reservoirs exploitation on the water quality[J]. River Basin Management , 7:221-230.

MACKAY D, MICHAEL J, PATERSON S, 1983. A quantitative water, air, sediment interaction(QWASI) fugacity model for describing the fate of chemicals in rivers[J]. Chemosphere, 12(7-88): 981-997.

MANN H B, 1945. Non-parametric Test Against Trend[J]. Econo-metic, 13(3): 245-259.

MARCÉ R, MORENO-OSTOS E, GARCÍA-BARCINA J M, et al., 2010. Tailoring dam structures to water quality predictions in new reservoir projects: Assisting decision-making using numerical modeling[J]. Journal of Environmental Management, 91(6): 1255-1267.

MARTIN J L, WOOL T, 1990. A Dynamic One-Dimensional Model of Hydrodynamics and Water Quality EPD-RIV1 Version 1.0: User's Manual[R]. Atlanta, Georgia, USA: Georgia Environmental Protection Division.

MENG F, ZHANG B N, GBOR P, et al., 2007. Models for gas/particle partitioning, transformation and air/water surface exchange of PCBs and PCDD/Fs in CMAQ[J]. Atmospheric Environment, 41(39): 9111-9127.

MIKE 11. Users & reference manual[R]. Horsholm, Denmark: Danish Hydraulics Institute, 1993.

MIKE 21. User Guide and Reference manual[R]. Horsholm, Denmark: Danish Hydraulics Institute, 1996.

MIKE 3 Eutrophication Module. User Guide and Reference manual, release2.7[R]. Horsholm, Denmark: Danish Hydraulics Institute, 1996.

NAGANO T, YANASE N, TSUDUKI K, et al., 2003. Nagao. Particulate and dissolved elemental loads in the Kuji River related to discharge rate[J]. Environment International, 28(7): 649-658.

PETTITT A N, 1979. A non-parametric approach to the change-point problem[J]. Applied Statistics, 28(2): 126-135.

PETTS G E, 1984. Impounded Rivers[M]. New York: John Wiley and Sons.

POLAK J, 2004. Nitrification in the surface water of the Wloclawek Dam Reservoir. The process contribution to biochemical oxygen demand(N-BOD)[J]. Polish Journal of Chemical Technology, 13(4): 415-424.

POSTEL S L, DAILY G C, EHRLICH P R, 1996. Human appropriation of renewable freshwater[J]. Science, 271: 785-788.

REDA A L L, Beck M B, 1999. Simulation model for real-time decision support in controlling the impacts of storm sewage discharges[J]. Water Science Tech, (39): 225-233.

REVENGA C, BRUNNER J, HENNINGER, et al., 2000. Pilot Analysis of Global Ecosystems: Freshwater systems[R]. Washington: World Resources Instityte.

REVENGA C, MURRAY S, ABRAMOVITZ J, et al., 1998. Watersheds of the Word: Ecological Value and

Vulnerability [M]. Washington D C: World Resources Institute and Worldwatch Institute.

STRATEN G V, 1998. Models for water quality management: The problem of structural change[J]. Water Science & Technology, 37: 103-111.

TETRA TECH, INC, 2007. The Environmental Fluid Dynamics Code Theory and Computation Volume 1: Hydrodynamics and Mass Transport[R]. Fairfax VA.

THARME R E, 2003. A global perspective on environment flow assessment: Emerging trends in the development and application of environment flow methodologies for rivers[J]. River Research and Applications, 19: 397-441.

TOMSICA C A, GRANATA T C, MURPHYB R P, et al., 2007. Using a coupled eco-hydrodynamic model to predict habitat for target species following dam removal[J]. Ecological Engineering(30): 215-230.

VELLEUX M L, ENGLAND J F, JULIEN P Y, 2008. TREX: Spatially distributed model to assess watershed contaminant transport and fate[J]. Science of The Total Environment, 404(1): 113-128.

WALL L G, TANK J L, ROYER T V, et al., 2005. Spatial and temporal variability in sediment denitrification within an agriculturally influenced reservoir[J]. Biogeochemistry, 76(1): 85-111.

WOOL T A, AMBROSE R B, MARTIN J L, et al., 2001. Water Quality Analysis Simulation Program(WASP): User's Maual[R]. USEPA.

XU Z X, TAKEUCHI K, ISHIDAIRA H, 2003. Monotonic trend and step changes in Japanese precipitation[J]. Journal of Hydrology, 279(1): 144-150.

YAMAMOTO R, IWASHIMA T, SANGA N K, 1986. An analysis of cli-mate jump[J]. Meteorological Society of Japan, 64(2): 273-281.

YE X C, LI X H, LIU J, et al., 2015. Variation of reference evapotranspiration and its contributing climatic factors in the Poyang Lake catchment, China[J]. Hydrological Processes, 28(25): 6151-6162.

YU S J, LEE J Y, HA S R, 2010. Effect of a seasonal diffuse pollution migration on natural organic matter behavior in a stratified dam reservoir[J]. Journal of Environmental Sciences, 22(6): 908-914.